中等职业学校数控技术应用专业项目教程

数控铣加工项目教程

■主　编　陈　丽　石　磊
■副主编　韩喜峰

适用专业

- 数控技术应用专业
- 模具设计与制造专业
- 机电一体化专业

WUHAN UNIVERSITY PRESS
武汉大学出版社

图书在版编目(CIP)数据

数控铣加工项目教程/陈丽,石磊主编.—武汉:武汉大学出版社,2014.6
中等职业学校数控技术应用专业项目教程
ISBN 978-7-307-13461-4

Ⅰ.数…　Ⅱ.①陈…　②石……　Ⅲ.数控机床—铣床—加工—中等专业学校—教材　Ⅳ.TG547

中国版本图书馆 CIP 数据核字(2014)第119203号

责任编辑:李汉保　　责任校对:汪欣怡　　版式设计:韩闻锦

出版发行:**武汉大学出版社**　(430072　武昌　珞珈山)
(电子邮件:cbs22@ whu. edu. cn 网址:www. wdp. whu. edu. cn)
印刷:武汉中科兴业印务有限公司
开本:787×1092　1/16　印张:9　字数:207千字　插页:1
版次:2014年6月第1版　2014年6月第1次印刷
ISBN 978-7-307-13461-4　定价:26.00元

前　　言

随着数控机床设备的日益增多，企业对数控铣削编程与加工方面的人才需求量逐年增加，因此，培养数控铣削领域的专业技能型人才十分迫切。在这种情况下，多位长期从事中职数控铣削教学的教师与企业的专家通力合作，针对中职生源的特点，以培养学生学习能力及操作技能为目的，编写了本教材。

本教材具有以下特点：

1. 以就业为导向，以国家职业标准数控铣工考核要求为依据。

2. 在结构上，从中职学生的基础能力出发，遵循专业理论的学习规律和技能的形成规律，根据数控铣床加工元素的特征划分若干教学任务，按照由简到难的顺序，设计一系列的项目，使学生在项目和任务的引导下学习数控铣床编程与操作的相关理论和技能，通过理实一体化的教学模式完成教学。

3. 在内容上，全书分为5个项目，以零件的数控铣削加工工作过程为主线，以具体的工作任务为驱动，引导学生系统地掌握数控加工工艺方案的制定、刀具选择、程序编制、机床操作及零件检测等工作。本书介绍的指令以国产数控系统——华中数控世纪星HNC-21M为根据。

4. 在形式上，通过“任务要求”、“能力目标”、“任务准备”、“任务方案”、“任务实施”、“任务总结评价”、“技能拓展”等形式，引导学生明确各任务的学习目标，学习与任务相关的知识与技能，并适当拓展相关知识。

本书由武汉机电工程学校的陈丽、石磊任主编，韩喜峰任副主编。参与编写的有武汉机电工程学校李乐、喻志刚、侯玉芹和北京精雕武汉分公司的郭成亮工程师。感谢湖北工业大学的胡松林教授对本书的指导。

由于编者水平有限，书中难免有错漏和不当之处，恳请同行专家和读者批评指正。

编　者

2014年4月

目　　录

项目 1　数控铣床认识与基本操作 ······ 1

任务 1-1　数控铣床基础知识 ······ 1

任务 1-2　数控铣床面板功能 ······ 9

任务 1-3　数控铣床手动操作与试切削 ······ 18

任务 1-4　数控铣床程序输入与编辑 ······ 28

任务 1-5　数控铣床 MDI 操作及对刀 ······ 32

项目 2　平面图形加工 ······ 39

任务 2-1　直线图形加工 ······ 39

任务 2-2　圆弧图形加工 ······ 55

项目 3　轮廓加工 ······ 66

任务 3-1　平面加工 ······ 66

任务 3-2　平面外轮廓加工 ······ 74

任务 3-3　平面内轮廓加工 ······ 82

任务 3-4　平面外轮廓分层加工 ······ 92

项目 4　孔加工 ······ 100

任务 4-1　钻孔 ······ 100

任务 4-2　铰孔 ······ 109

项目 5　零件综合加工 ······ 115

任务 5-1　零件一 ······ 115

任务 5-2　零件二 ······ 120

任务 5-3　零件三 ······ 125

附录　武汉市中等职业学校数控技术应用专业技能达标 ······ 131

数控铣工实操考核题(一) ······ 131

数控铣工实操考核题(二) ······ 133

数控铣工实操考核题(三) ······ 135

主要参考文献 ······ 137

项目 1　数控铣床认识与基本操作

任务 1-1　数控铣床基础知识

一、任务要求

（1）了解数控铣床的产生和发展过程；
（2）了解数控铣床的组成；
（3）了解数控铣床的种类；
（4）了解数控编程的概念与方法。

二、能力目标

（1）能区分数控铣床的各组成部分及作用；
（2）具有区分一般立式、卧式数控铣床和加工中心的能力；
（3）能根据图形选择合理的编程方法。

三、任务准备（知识准备）

（一）任务引入：东芝事件

1979 年年底，苏联克格勃高级官员奥西波夫以全苏技术机械进口公司副总经理的身份，通过日本和光贸易股份公司驻莫斯科事务所所长熊谷独与日本伊藤忠商社、东芝公司和挪威康士堡公司接上了头。在巨大商业利益的诱惑下，东芝公司和康士堡公司同意向苏联提供 4 台 MBP-11OS 型九轴数控大型船用螺旋桨铣床，此项合同成交额达 37 亿日元。这种高约 10m、宽 22m、重 250t 的铣床，可以精确地加工出巨大的螺旋桨，使潜艇推进器发出的噪音大大降低。

这 4 台精密机床顺利到达苏联并很快发挥作用。1985 年，苏联制造出的新型潜艇噪音仅相当于原来潜艇的 10%，使美国海军只能在 20 海里以内才能侦测出来。1986 年 10 月，一艘美国核潜艇因为没有侦测到它正在追踪的苏联潜艇的噪音而与苏联潜艇相撞。

（二）数控机床的产生及大概发展过程

1948 年，美国帕森斯公司接受美国空军委托，研制直升飞机螺旋桨叶片轮廓检验用样板的加工设备。由于样板形状复杂多样，精度要求高，一般加工设备难以适应，于是提出采用数字脉冲控制机床的设想。

1949 年，该公司与美国麻省理工学院（MIT）开始共同研究，并于 1952 年试制成功第一台三坐标数控铣床，当时的数控装置采用电子管元件。

1959年，数控装置采用了晶体管元件和印刷电路板，出现带自动换刀装置的数控机床，称为加工中心（Machining Center，MC），使数控装置进入了第二代。

1965年，出现了第三代的集成电路数控装置，第三代数控装置不仅体积小，功率消耗少，且可靠性提高，价格进一步下降，促进了数控机床品种和产量的发展。

20世纪60年代末，先后出现了由一台计算机直接控制多台机床的直接数控系统（简称DNC），又称群控系统；采用小型计算机控制的计算机数控系统（简称CNC），使数控装置进入了以小型计算机化为特征的第四代。

1974年，研制成功使用微处理器和半导体存储器的微型计算机数控装置（简称MNC），这是第五代数控系统。

20世纪80年代初，随着计算机软件技术、硬件技术的进步，出现了能进行人机对话式自动编制程序的数控装置；数控装置愈趋于小型化，可以直接安装在机床上；数控机床的自动化程度进一步提高，具有自动监控刀具破损和自动检测工件等功能。

20世纪90年代后期，出现了PC CNC智能数控系统，即以PC机为控制系统的硬件部分，在PC机上安装NC软件系统，这种方式系统维护方便，易于实现网络化制造。

（三）数控铣床

数控（Numerical Control，NC）：采用数字化信息对数控机床的运动及其加工过程进行控制的方法。

数控机床：应用数控技术对加工过程进行控制的机床。

数控铣床是用计算机数字化信号控制的铣床。数控铣床把加工过程中所需的各种操作（如主轴变速、进刀与退刀、开车与停车、选择刀具、供给切削液等）和步骤以及刀具与工件之间的相对位移量都用数字化的代码表示，通过控制介质或数控面板等将数字信息送入专用或通用的计算机，由计算机对输入信息进行处理与运算，发出各种指令来控制机床的伺服系统或其他执行机构，使机床自动加工出所需要的工件。如图1-1-1所示为立式数控铣床外形图。

加工中心：带刀库和自动换刀装置的数控镗铣床。如图1-1-2所示为立式加工中心。

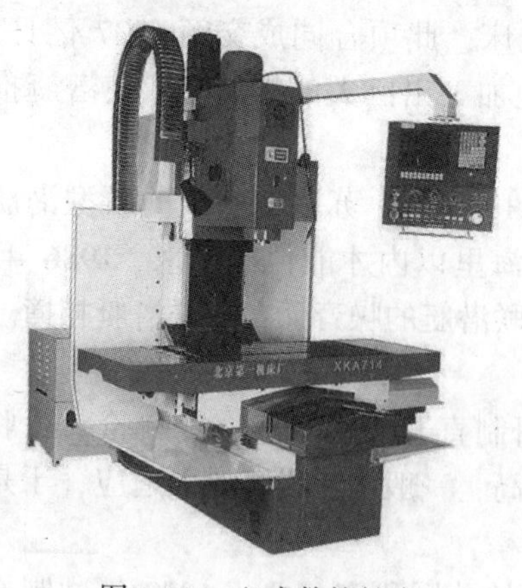

图1-1-1　立式数控铣床

图1-1-2　立式加工中心

数控铣床（加工中心）上零件的加工过程如图 1-1-3 所示。

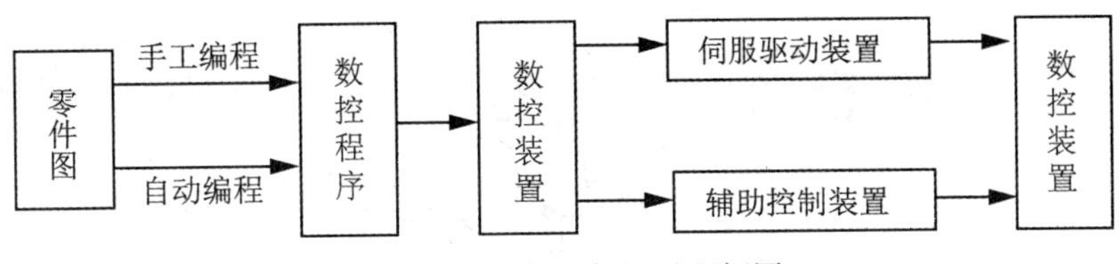

图 1-1-3　零件的加工过程框图

（四）数控机床的组成

数控机床由输入输出设备、数控装置、伺服系统、机床本体、检测反馈装置等部分组成。如图 1-1-4 所示。

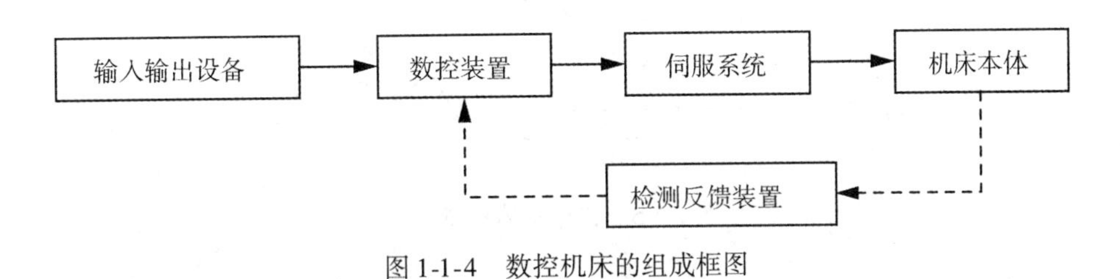

图 1-1-4　数控机床的组成框图

1. 输入输出设备

输入输出设备的作用是实现数控加工程序及相关数据的输入、显示、存储以及打印等。常用的输入设备有 USB 接口、RS232C 串行通信口以及 MDI 方式等，输出设备有显示器等。

2. 数控装置

数控装置是数控机床的核心，数控装置接收来自输入设备的程序和数据，并按输入信息的要求完成数值计算、逻辑判断和输入、输出控制等。数控装置通常由一台通用或专用微型计算机与输入、输出接口板、可编程控制器等连接构成。

3. 伺服系统

伺服系统是数控机床的执行部分，它的作用是把来自数控装置的脉冲信号转换成机床的运动。伺服系统由伺服驱动电路和伺服驱动装置组成。

每一个脉冲信号使机床移动部件产生的位移量称为脉冲当量，常用的脉冲当量为 0. 001mm/脉冲。每个进给运动的执行部件都有相应的伺服驱动系统，其性能是决定数控机床的加工精度、表面质量、生产率的主要因素之一。一般地，脉冲当量越小机床加工精度越高，反之越低。

4. 机床本体

机床本体是数控机床的主体部分，是用于完成切削加工的机械部分。机床本体主要包括：主运动部件、进给运动部件、支承部件，还有冷却、润滑、转位部件以及夹紧、换刀机械手等辅助装置。主要部件如图 1-1-5 所示。

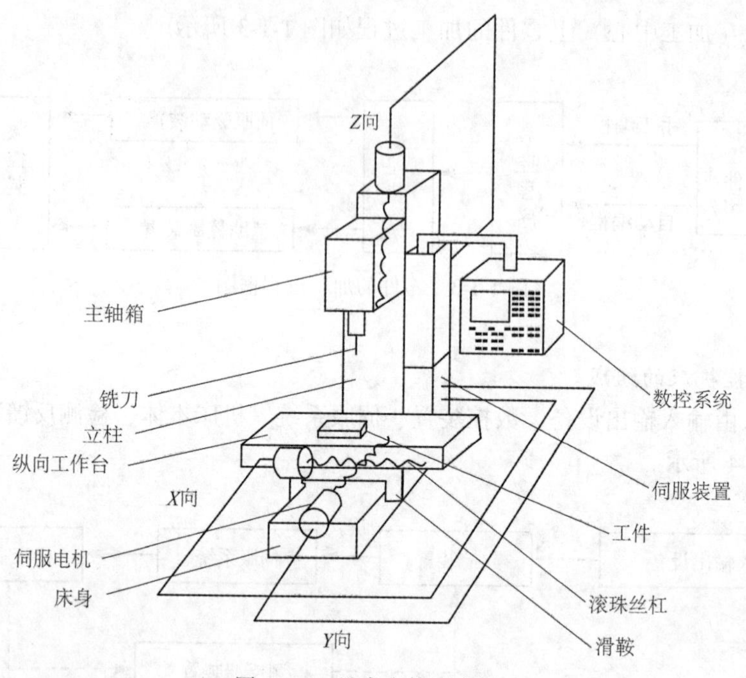

图 1-1-5　机床本体示意图

5. 检测反馈装置

对于半闭环、闭环数控机床，还有检测反馈装置，其作用是检测机床的实际运动速度、方向、位移量以及加工状态，且将检测结果转化为电信号反馈给数控装置，再通过比较，计算出实际位置与指令位置之间的偏差，并发出纠正误差指令。常用位置检测元件有感应同步器、光栅、编码器、磁栅和激光测距仪等。

（五）数控铣床的分类

1. 按机床形态分类

数控铣床有立式、卧式和龙门式三种。其中立式、卧式数控铣床应用较广。立式铣床主轴处于垂直位置，适宜加工高度方向尺寸相对较小的工件。卧式铣床主轴是水平设置的，结构比立式铣床复杂，占地面积较大、价格较高，适宜加工箱体类零件。龙门铣床用于加工特大型零件。本书主要以立式铣床为例加以介绍。

2. 按有无检测反馈装置分类

1）开环控制数控铣床

开环控制系统的数控铣床是指不带反馈装置的数控铣床。进给伺服系统采用步进电动机，数控系统每发出一个指令脉冲，经驱动电路功率放大后，不仅驱动电机旋转一个角度，而且经过减速齿轮和丝杠螺母机构，转换为工作台的直线移动。系统信息流是单向的。

如图 1-1-6 所示，开环控制系统的数控铣床不具有反馈装置，对移动部件实际位移量的测量不能与原指令值进行比较，也不能进行误差校正，因此系统精度较低。因其结构简单、成本低、技术容易掌握，故在中、小型控制系统的经济型数控铣床中得到应用，尤其适用于旧铣床改造的简易数控铣床中。

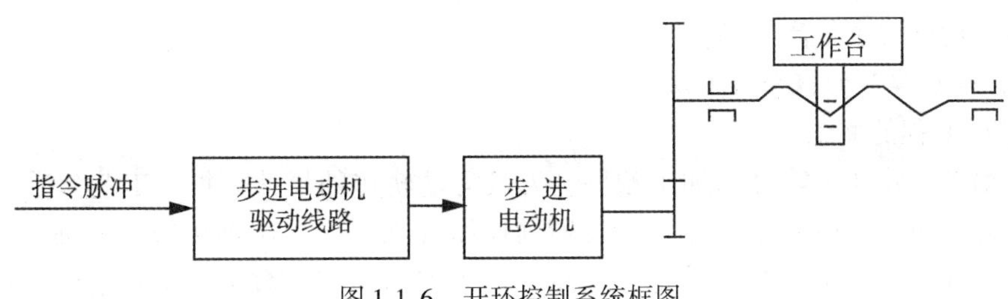

图 1-1-6　开环控制系统框图

2）半闭环控制数控铣床

如图 1-1-7 所示，半闭环控制系统的数控铣床在伺服机构中装有角位移检测装置，通过检测伺服机构的滚珠丝杠转角间接测量移动部件的位移，然后反馈到数控装置中，与输入原指令位移值进行比较，用比较后的差值进行控制，以弥补移动部件位移，直至差值消除为止。由于丝杠螺母机构不包括在闭环之内，所以丝杠螺母机构的误差仍会影响移动部件的位移精度。

半闭环控制系统的数控铣床（加工中心）采用伺服电动机，其结构简单、工作稳定、使用维修方便，目前应用比较广泛。

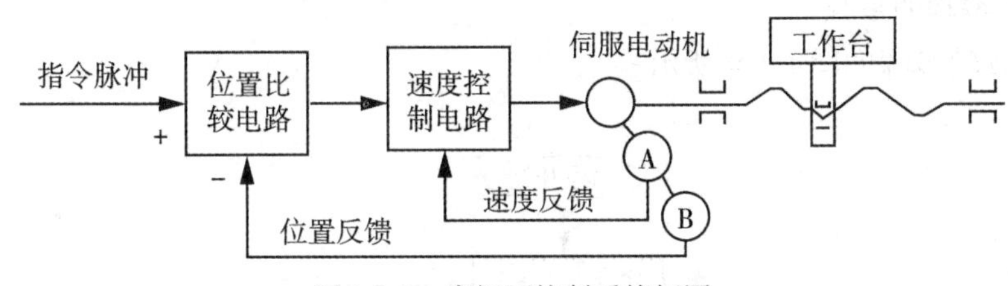

图 1-1-7　半闭环控制系统框图

3）闭环控制数控铣床

如图 1-1-8 所示，闭环控制系统的数控铣床在机床移动部件位置上直接装有直线位置检测装置，将检测到的实际位移反馈到数控装置中，与输入的原指令位移值进行比较，用比较后的差值控制移动部件作补充位移，直到差值消除时才停止，使之达到精度要求。

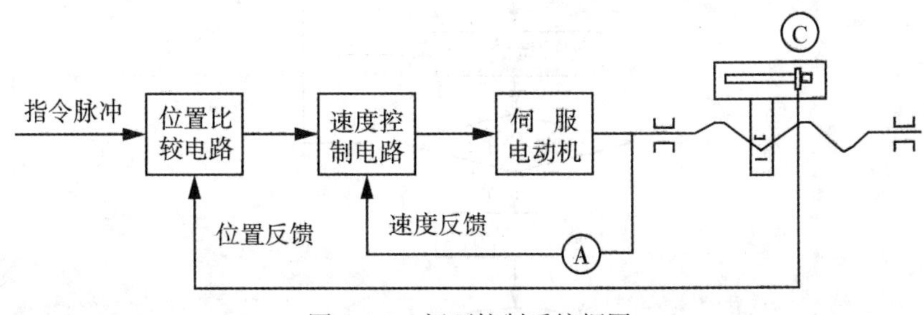

图 1-1-8　闭环控制系统框图

闭环控制系统数控铣床的优点是定位精度高，但其结构复杂、维修困难、成本高，一般用于加工精度要求很高的场合。

（六）数控编程的概念与方法

1. 数控编程的概念

数控编程：将加工零件的加工顺序、刀具运动轨迹的尺寸数据、工艺参数（如主运动和进给运动速度、切削深度等）以及辅助操作（如换刀、主轴正转、主轴反转、冷却液开关、刀具夹紧、松开等）等加工信息，用规定的文字、数字、符号组成的代码，按一定格式编写成加工程序。

2. 数控编程的种类

1）手工编程

利用一般的计算工具，通过各种数学方法，人工进行刀具轨迹的运算，且编制指令。这种方式比较简单，很容易掌握，适应性强。适用于中等复杂程度程序或计算量不大的零件编程，机床操作人员必须掌握。

2）自动编程

利用 CAD/CAM 技术进行零件设计、分析和造型，且通过后置处理，自动生成加工程序，经过程序校验和修改后，形成加工程序。这种方法适应面广、效率高、程序质量好，应用广泛。适用于形状复杂（如空间曲线、曲面等）、工序较长、计算繁琐的零件编程。

3）手工编程的步骤

手工编程的步骤如图 1-1-9 所示。

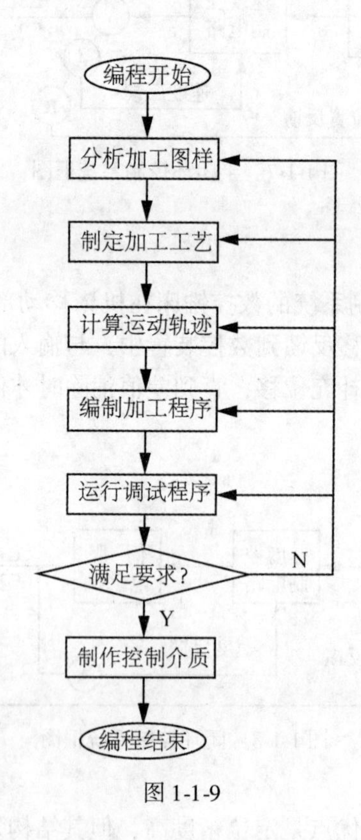

图 1-1-9

四、任务实施

（1）在表 1-1-1 中填写数控铣床各组成部分的作用。

表 1-1-1

序号	组成部分	作　　用
1	输入输出设备	
2	数控装置	
3	伺服系统	
4	机床本体	
5	检测反馈装置	

（2）在对应机床下填写立式数控铣床、卧式数控铣床及加工中心，见表 1-1-2。

表 1-1-2

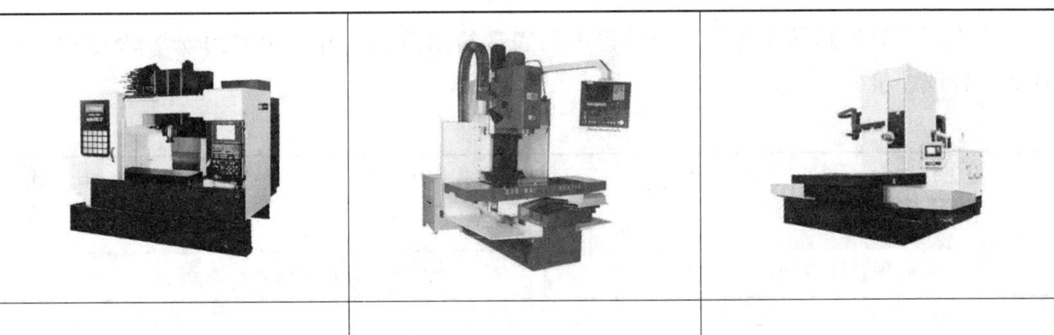

（3）为图 1-1-10 所示零件选择合理的编程方法。

图 1-1-10

五、任务总结评价

（一）自我评估

针对能力目标，对自己在任务实施过程中的表现给出分数（满分100分）以及A优秀、B良好、C合格、D不合格等级予以客观评价。

<table>
<tr><td rowspan="3">知识
与
能力</td><td colspan="2"></td></tr>
<tr><td colspan="2"></td></tr>
<tr><td colspan="2"></td></tr>
<tr><td rowspan="3">问题
与
建议</td><td colspan="2"></td></tr>
<tr><td colspan="2"></td></tr>
<tr><td colspan="2"></td></tr>
<tr><td colspan="2">自我打分：　　分</td><td>评价等级：　　级</td></tr>
</table>

（二）小组评价

小组同学对该同学在任务实施过程中的表现给出分数（单项0～20分）及等级予以客观、合理评价。

<table>
<tr><td>独立工作能力</td><td>学习创新能力</td><td>小组发挥作用</td><td>任务完成</td><td>其　他</td></tr>
<tr><td>分</td><td>分</td><td>分</td><td>分</td><td>分</td></tr>
<tr><td colspan="2">五项总计得分：　　分</td><td colspan="3">评价等级：　　级</td></tr>
</table>

（三）教师评价

指导教师根据学生在学习及任务实施过程中的工作态度、综合能力、任务完成情况予以评价。

<table>
<tr><td>得分：　　分，评价等级：　　级</td></tr>
</table>

任务 1-2　数控铣床面板功能

一、任务要求

(1) 掌握 HNC-21M 系统数控铣床面板功能；
(2) 掌握数控铣床安全操作规程；
(3) 了解数控铣床的日常维护及保养。

二、能力目标

(1) 掌握数控铣床各种加工模式及功能；
(2) 熟悉并遵守数控铣床的安全操作规程；
(3) 能对数控铣床进行日常维护及保养。

三、任务准备

(一) HNC-21M 系统数控铣床面板功能

1. 面板分区

如图 1-2-1 所示为 HNC-21M 系统数控铣床面板。

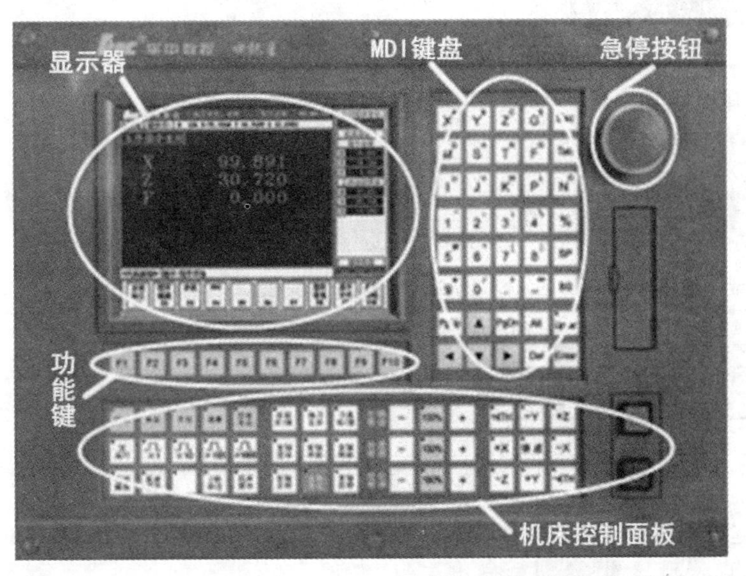

图 1-2-1　HNC-21M 系统数控铣床面板

2. 铣床控制面板

铣床控制面板如图 1-2-2 所示。

HNC-21M 数控系统的控制面板如图 1-2-2 所示，其各区域按键的功能如表 1-2-1 所示。

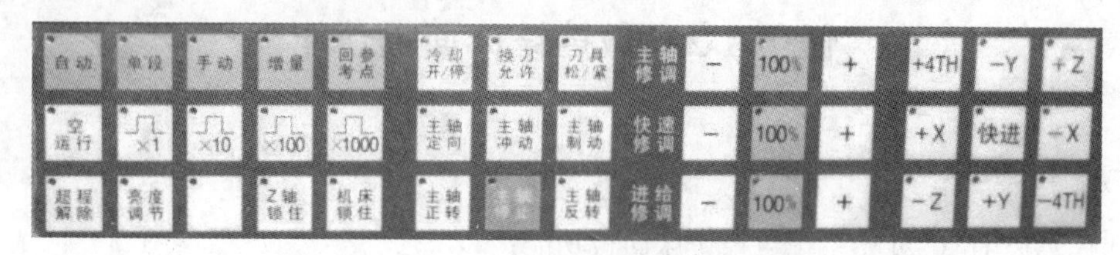

图1-2-2　HNC-21M数控系统控制面板

表1-2-1　　**HNC-21M数控系统的控制面板上各按键的功能**

面板上对应的按键区	名　称	功　能
自动　单段　手动　增量　回参考点	工作方式选择键	包括“自动”、“单段”、“手动”、“增量”、“回参考点”工作方式选择键，用于选择机床的工作方式
冷却开/停　刀位选择　刀位转换 主轴点动　卡盘松/紧　内卡/外卡 主轴正转　主轴停止　主轴反转	辅助操作手动控制键	包括主轴控制、冷却液控制及换刀控制等
+4TH　-Y　+Z +X　快进　-X -Z　+Y　-4TH	坐标轴移动手动控制键	包括 X、Y、Z 等轴的手动控制键
空运行　×1　×10　×100　×1000	增量倍率选择键	用于“增量”工作方式的倍率选择
主轴修调　–　100%　+ 快速修调　–　100%　+ 进给修调　–　100%　+	倍率修调键	包括主轴修调、快速修调和进给修调

续表

面板上对应的按键区	名　称	功　能
循环启动 / 进给保持	自动控制键	用于程序运行的开始和暂停
超程解除 / 程序跳段 / 选择停 / 机床锁住	其他键	包括空运行和铣床锁住及超程解除等辅助操作按键

其中各按键的具体功能如下：

（1）自动　用于机床的自动加工。

（2）单段　用于单段程序运行。在自动运行时，每按一次循环启动键，数控系统执行一个程序段后停止。

（3）手动　选择此方式，可以手动控制铣床，比如手动移动铣床各轴，主轴正转、反转等。

（4）增量　选择此方式，每按一次该键，铣床将移动“一步”。定量移动铣床坐标轴，移动距离由倍率调整（可以控制铣床精确定位，但不连续）。当手轮有效时，“增量”方式变为“手摇”，倍率仍有效。可以连续精确控制铣床的移动。铣床的进给速度受操作者的手动速度和倍率控制。

（5）回参考点　铣床开机后在此模式下进行回零操作。

（6）冷却开/停　在“手动”方式下，按一下“冷却开/停”键，冷却液开（默认值为冷却液关），再按一下即为冷却液关（即按一次，指示灯亮，说明此状态选中，再按一次该键，指示灯暗。下面各键相同）。

（7）换刀允许　在“手动”方式下，按压“换刀允许”按键，使得“刀具松/紧”操作有效（指示灯亮，适用于启动换刀装置）。

（8）刀具松/紧　按一下“刀具松/紧”按键，松开刀具（默认值为夹紧）。再按一下该键又为夹紧刀具（适用于启动换刀装置）。

（9）主轴定向　在“手动”方式下，按下该键，主轴立即执行定向功能。定向完成后，指示灯亮，主轴准确停止在某一固定位置。

（10）主轴冲动　在“手动”方式下，按下该键，主轴电动机以铣床参数设定的转速和时间转动一定的角度。

（11）主轴制动　在“手动”方式下，主轴处于停止状态时，按下该键，指示灯亮，主轴电动机被锁定在当前位置。

（12）主轴正转　在MDI方式（Manual Data Input，手动数据输入方式），已经初始化主轴转速的情况下，在“手动”方式下，按下该键，主轴将按给定的速度正转。

（13）主轴停止　按下该键，主轴停止转动。

（14）主轴反转　在MDI方式，已经初始化主轴转速的情况下，在“手动”方式下，按下该键，主轴将按给定的速度反转。

（15）

+4TH	-Y	+Z
+X	快进	-X
-Z	+Y	-4TH

在“手动”模式下控制铣床各轴的运动，当按住某轴运动键，同时按住“快进”键时，铣床以快进速度运动，否则以设定的速度运动。

（16）×1　×10　×100　×1000　“增量”方式下的倍率修调按键，基本单位是脉冲当量，即每个脉冲0.001mm，如按下×1000键，指示灯亮，其速度为1000×0.001mm＝1mm，即每按一次坐标方向移动键，相应坐标轴移动1mm。

（17）主轴修调　－　100%　＋　主轴倍率修调按键，在主轴转动时，按下－键，主轴转速降低；按下＋键，主轴转速增加；当选择为100%时，转速等于设定的转速。

（18）快速修调　－　100%　＋　快速倍率修调按键，修调坐标轴快速进给的速度。

（19）进给修调　－　100%　＋　进给倍率修调按键，修调进给速度的倍率。

（20）循环启动　用于程序的启动。当模式选择在“自动”、“单段”和 MDI 时按下该键有效。按下该键可以进行自动加工或模拟加工。

（21）进给保持　按下该键，自动运行中的程序将暂停，进给运动停止，再按下 循环启动 键，程序恢复运行。

（22）Z轴锁住　按下该键，指示灯亮，这时，如果手动移动 Z 轴，Z 轴不运动。

（23）机床锁住　按下该键，将禁止机床所有动作。

（24）超程解除　当坐标轴运行超程时，按下该键并同时按下超程方向的反方向按键，可以解除超程。

（25）空运行　用于程序的快速空运行，此时程序中的 F 代码无效。

（二）数控铣床安全操作规程

为了合理地使用数控铣床，保证铣床正常运转，必须制定比较完善的数控铣床操作规程，通常包括以下内容。

1. 上铣床前的准备

（1）上铣床操作时必须穿工作服，女生戴安全帽，头发扎入帽内。

衣服穿着紧凑合体，不得有外露的飘逸附件等；不得穿拖鞋，不得戴手套、围巾、首饰、挂件等。

（2）在车间内铣床设备周围走动时应观天、观地、观四周，轻步缓行，不允许急行、打闹嬉戏；未经允许不得动车间内任何开关按键。

（3）能熟练在计算机上进行软件仿真操作。

（4）检查将要操纵的数控铣床设备，观察电器、电路及各种开关、按键、急停按钮等是否完好无损；检查润滑油位是否在正常范围内，否则应添加润滑油。

（5）检查刀具、量具、扳手等工具是否完好，游标卡尺对零；毛坯形状、尺寸是否合适；所有工具、量具等应放在指定的地方（工具车、工作台、工作桌等），分类并摆放整齐。

（6）零件图纸是否齐备，仔细读懂零件图纸，搞清零件的结构及技术要求。

（7）检查各坐标轴是否回参考点，限位开关是否可靠。若某轴在回参考点前已在参考点位置，应先将该轴延负方向移动一段距离。

2. 铣床操作过程注意事项

（1）实操铣床时只能一人操作，分组实训时其余人只允许在旁边观看。严禁多人同时操作同一台数控铣床，几个人一起控制铣床按键。

（2）接通电器盒总电源，接通数控铣床电源，启动数控系统电源，打开急停开关（需要用手动润滑的数控铣床，先用手“拉”或“压”润滑把手使铣床润滑）。

铣床回零点，然后沿各坐标轴移动一小段距离，铣床空运行5分钟以上，使铣床达到热平衡状态。

（3）按相关规范要求正确安装工件，工件装夹位要足够正确定位，可以借助百分表等找正；工件夹持牢固，加工过程中绝不允许松动。

（4）正确安装刀具，铣刀刀柄和夹头应擦拭干净，刀柄放入后稍作转动，夹紧刀具，加工过程中绝不允许刀具松动。

所用的工具用后马上清理并放归原位。

（5）检查工作台及运动部件上是否放有工具、毛坯等杂物，调低进给倍率（进给速度）和主轴倍率（主轴转速）准备对刀。

按相关规范要求对刀，需换刀时刀具应退到安全位置换刀，对完刀后刀具应退到安全位置。

（6）输入加工程序，效验程序，调整修改程序。

（7）报告指导老师检查，经指导老师检查同意后方可运行机床。

（8）关闭铣床舱门，启动“自动循环”按钮，机床自动运行加工零件。

①首件加工应采用单段程序切削，并随时注意调节进给倍率控制进给速度。

②启动“自动循环”按钮时，操作者首先应关注“急停按钮”位置。

③铣床刚开始运行时，操作者应认真观察刀具移动位置、移动速度、进给速度、主轴转速、切屑形状、声音、冷却润滑等，根据具体情况进行调整。

④加工过程中操作者面对加工零件站立，集中精力观察铣床运行。

⑤不允许擅自离开操作岗位或坐在铣床旁边，不允许与其他人交谈、吃东西、喝水或做其他与加工无关的事情。

⑥铣床在运行过程中不允许打开舱门清理切屑和触碰任何运动部件。

⑦铣床运行时间超过30分钟，手动润滑的铣床必须加注润滑油。

⑧遇到任何紧急情况，应马上按红色的“急停按钮”，停止机床运行。

（9）加工结束，数控铣床自动停止运行后方可打开舱门。

3. 铣床运行结束后的收尾工作

（1）刀具移动到安全、合适的位置，以方便装、卸工件。

（2）按“铣床锁定”按钮，锁定铣床防止误操作。

（3）卸下加工零件，对铣床稍作清理，所用工具放归原位（以便下一位学生操作实训），向指导老师报告作业完毕。

（4）当班实习结束后，及时清理铣床上的切屑和杂物等，放在指定地方，并做好数控铣床的保养、维护工作。

（5）数控铣床的大小拖板置于铣床中间位置，主轴置于立柱中间靠下位置（不要太靠近工作台）。

（6）先关闭“急停按钮”，再按顺序关闭系统电源、关闭铣床电源，最后关闭电器盒总电源。

（三）数控铣床日常维护及保养

1. 数控铣床日常维护及保养

（1）保持良好的润滑状态，定期检查、清洗自动润滑系统，增加或更换油脂、油液，使丝杠、导轨等各运动部位始终保持良好的润滑状态，以减小机械磨损。

（2）进行机械精度的检查调整，以减少各运动部件之间的装配精度。

（3）经常清扫。周围环境对数控铣床影响较大，如粉尘会被电路板上的静电吸引，而产生短路现象；油、气、水过滤器、过滤网太脏，会发生压力不够、流量不够、散热不好，造成机、电、液部分的故障等。

数控铣床日常维护内容如表1-2-2所示。

表1-2-2　**数控铣床日常维护内容**

序号	检查周期	检查部位	检 查 要 求
1	每天	导轨润滑油箱	检查油标、油量，检查润滑泵能否定时启动供油及停止
2	每天	*X*、*Y*、*Z* 轴向导轨面	清除切屑及脏物，检查导轨面有无划伤
3	每天	压缩空气气源压力	检查气动控制系统压力
4	每天	主轴润滑恒温油箱	工作正常，油量充足并能调节温度范围
5	每天	机床液压系统	油箱、液压泵无异常噪声，压力指示正常，管路及各接头无泄漏
6	每天	各种电气柜散热通风装置	各电气柜冷却风扇工作正常，风道过滤网无堵塞
7	每天	各种防护装置	导轨、铣床防护罩等无松动、无漏水
8	每半年	滚珠丝杠	清洗丝杠上旧润滑脂，涂上新润滑脂
9	不定期	切削液箱	检查液面高度，经常清洗过滤器等
10	不定期	排屑器	经常清理切屑
11	不定期	清理废油池	及时取走滤油池中的废油，以免外溢
12	不定期	调整主轴驱动带松紧程度	按铣床说明书调整
13	不定期	检查各轴导轨上镶条	按铣床说明书调整

2. 数控系统日常维护及保养

数控系统使用一定时间以后，某些元器件或机械零部件会老化、损坏。为延长元器件的寿命和零部件的磨损周期应在以下几方面注意维护。

（1）尽量少开数控柜门和强电柜门　车间空气中一般都含有油雾、潮气和灰尘。一旦它们落在数控装置内的电路板或电子元器件上，容易引起元器件绝缘电阻均下降，并导致元器件的损坏。

（2）定时清理数控装置的散热通风系统　散热通风口过滤网上灰尘积聚过多，会引起数控装置内温度过高（一般不允许超过55℃），致使数控系统工作不稳定，甚至发生过热报警。

（3）经常监视数控装置电网电压。数控装置允许电网电压在额定值的±10%范围内波动。如果超过这一范围就会造成数控系统不能正常工作，甚至引起数控系统内某些元器件损坏。为此，需要经常监视数控装置的电网电压。电网电压质量差时，应加装电源稳压器。

3. 数控铣床长期不用时的维护与保养

若数控铣床长期不用，也应定期进行维护保养，至少每周通电空运行一次，每次不少于1小时，特别是在环境温度较高的雨季更应如此，利用电子元器件本身的发热来驱散数控装置内的潮气，保证电子部件性能的稳定可靠。

如果数控铣床闲置半年以上不用，应将直流伺服电动机的电刷取出来，以免化学腐蚀作用使换向器表面腐蚀，换向器性能变坏，甚至损坏整台电动机。

铣床长期不用还会出现后备电池失效，使铣床初始参数丢失或部分参数改变，因此应注意及时更换后备电池。

四、任务实施

（1）在表1-2-3中填写对应数控铣床加工模式的功能。

序号	加工模式	功　能
1	自动	
2	单段	
3	手动	
4	增量	
5	回参考点	

（2）完成《安全试卷》。

（3）分组清理保养铣床

以4～6人组成学习小组为作业单元，完成这一任务。

机床号	作业者	学　　号	组　　号	小组其他成员

五、任务总结评价

（一）自我评估

针对能力目标，对自己在任务实施过程中的表现给出分数（满分 100 分）以及 A 优秀、B 良好、C 合格、D 不合格等级予以客观评价。

<table>
<tr><td rowspan="3">知识
与
能力</td><td colspan="2"></td></tr>
<tr><td colspan="2"></td></tr>
<tr><td colspan="2"></td></tr>
<tr><td rowspan="3">问题
与
建议</td><td colspan="2"></td></tr>
<tr><td colspan="2"></td></tr>
<tr><td colspan="2"></td></tr>
<tr><td colspan="2">自我打分：　　分</td><td>评价等级：　　级</td></tr>
</table>

（二）小组评价

小组同学对该同学在任务实施过程中的表现给出分数（单项 0 ~ 20 分）及等级予以客观、合理评价。

<table>
<tr><td>独立工作能力</td><td>学习创新能力</td><td>小组发挥作用</td><td>任务完成</td><td>其 他</td></tr>
<tr><td>分</td><td>分</td><td>分</td><td>分</td><td>分</td></tr>
<tr><td colspan="2">五项总计得分：　　分</td><td colspan="3">评价等级：　　级</td></tr>
</table>

（三）教师评价

指导教师根据学生在学习及任务实施过程中的工作态度、综合能力、任务完成情况予以评价。

<table>
<tr><td>

得分：　　分，评价等级：　　级</td></tr>
</table>

任务1-3　数控铣床手动操作与试切削

一、任务要求

（1）了解常用数控键槽铣刀、立铣刀的种类和用途；
（2）了解游标卡尺和千分尺的结构和使用方法；
（3）了解数控刀柄、平口钳等工艺装备知识；
（4）掌握数控铣床机床坐标系知识。

二、能力目标

（1）掌握回参考点操作；
（2）会装夹工件、装拆数控刀具；
（3）掌握数控铣床手动操作；
（4）掌握数控铣床试切削加工方法。

三、任务准备

（一）键槽铣刀、立铣刀种类、用途

键槽铣刀、立铣刀形状、用途如表1-3-1所示。

表1-3-1　**键槽铣刀、立铣刀图形及用途**

铣刀种类	用　途	图　示
两齿键槽铣刀	粗铣轮廓、凹槽等表面，可以沿铣刀轴线方向进给加工（垂直下刀）	
立铣刀（3～5齿）	精铣轮廓、凹槽等表面，一般不能沿铣刀轴线方向进给加工	

键槽铣刀、立铣刀材料及性能如表1-3-2所示。

表1-3-2　**键槽铣刀、立铣刀材料及性能**

键槽（立）铣刀材料	价　格	性　能
普通高速钢	低	切削速度低，刀具寿命低
高性能高速钢	较高	切削速度较高，刀具寿命较高
硬质合金	高	切削速度高，刀具寿命高
涂层硬质合金	更高	切削速度更高，刀具寿命更高

键槽铣刀、立铣刀按结构不同有整体式和可转位式，如图1-3-1所示。

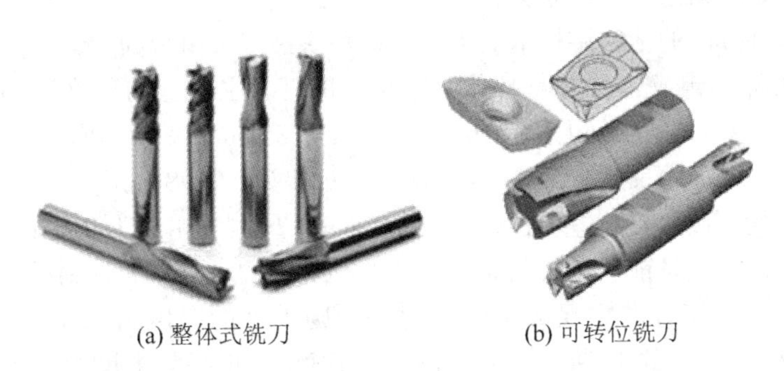

(a) 整体式铣刀　　(b) 可转位铣刀

图1-3-1　铣刀

（二）常用量具

1. 游标卡尺

游标卡尺如图1-3-2、图1-3-3所示。

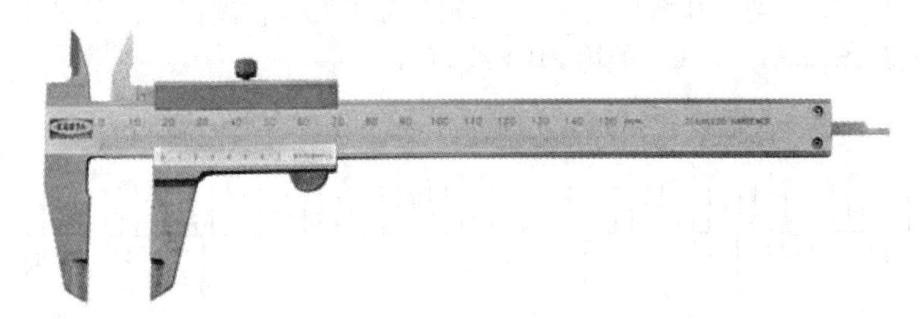

图1-3-2　游标卡尺

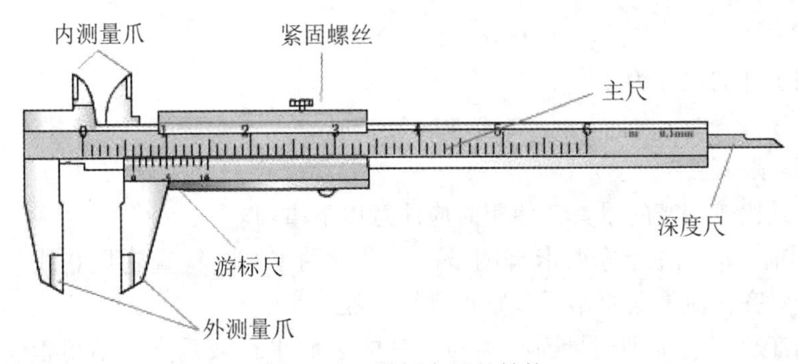

图1-3-3　游标卡尺的结构

游标卡尺是铣工常用的量具之一，游标卡尺是一种中等精度的量具，可以直接测出外径、孔径、长度、宽度、深度和孔距等尺寸。

游标卡尺的规格可以分为0～125mm、0～200mm、0～300mm、0～500mm、300～800mm、400～1000mm、600～1500mm、800～2000mm等，测量精度有0.1mm、0.05mm、

0.02mm 三种。

1）游标卡尺的刻线原理与读数方法

以刻度值 0.02mm 的精密游标卡尺为例，这种游标卡尺由带固定卡脚的主尺和带活动卡脚的副尺（游标）组成。在副尺上有副尺固定螺钉。主尺上的刻度以 mm 为单位，每 10 格分别标以 1，2，3，…，以表示 10mm，20mm，30mm，…。这种游标卡尺的副尺刻度是把主尺刻度 49mm 的长度，分为 50 等份，即每格为：0.98mm。

主尺和副尺的刻度每格相差：1−0.98＝0.02mm。即测量精度为 0.02mm。如果用这种游标卡尺测量工件，测量前，主尺与副尺的 0 线是对齐的，测量时，副尺相对主尺向右移动，若副尺的第 1 格正好与主尺的第 1 格对齐，则工件的厚度为 0.02mm。同理，测量 0.06mm 或 0.08mm 厚度的工件时，应该是副尺的第 3 格正好与主尺的第 3 格对齐或副尺的第 4 格正好与主尺的第 4 格对齐。

读数方法，可以分为三步：

（1）根据副尺零线以左的主尺上的最近刻度读出整毫米数；

（2）根据副尺零线以右与主尺上的刻度对准的刻线数乘上 0.02 读出小数；

（3）将上面整数和小数两部分加起来，即为总尺寸。

如图 1-3-4 所示，副尺 0 线所对主尺前面的刻度 2mm，副尺 0 线后的第 21 条线与主尺的一条刻线对齐。副尺 0 线后的第 21 条线表示

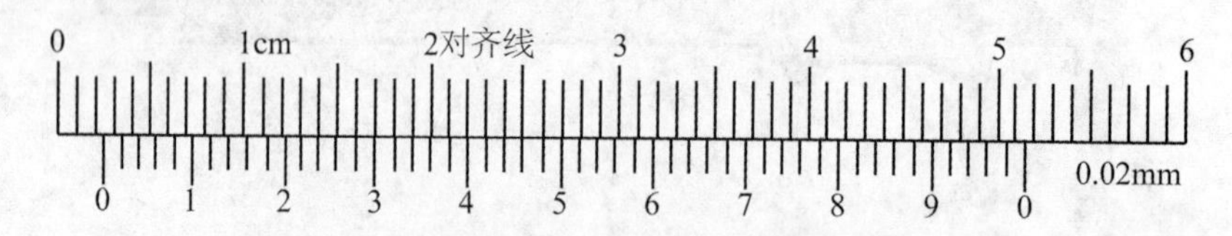

图 1-3-4　0.02mm 游标卡尺的读数方法

$$0.02\times21=0.42\text{mm}$$

所以被测工件的尺寸为

$$2+0.42=2.42\text{mm}。$$

2）注意事项

游标卡尺是比较精密的量具，使用时应注意以下事项：

（1）使用前，应先擦干净两卡脚测量面，合拢两卡脚，检查副尺 0 线与主尺 0 线是否对齐，若未对齐，应根据原始误差修正测量读数。

（2）测量工件时，卡脚测量面必须与工件的表面平行或垂直，不得歪斜，且用力不能过大，以免卡脚变形或磨损，影响测量精度。

（3）读数时，视线要垂直于尺面，否则测量值不准确。

（4）测量内径尺寸时，应轻轻摆动，以便找出最大值。

（5）游标卡尺用完后，仔细擦净，抹上防护油，平放在盒内。以防止生锈或弯曲。

2. 千分尺

千分尺如图 1-3-5、图 1-3-6 所示。

千分尺又称为螺旋测微器，是生产中常用的一种精密量具，千分尺的测量精度为 0.01mm。千分尺种类很多，按用途可以分为外径千分尺、内径千分尺、深度千分尺、内测千分尺、螺纹千分尺和壁厚千分尺等。由于受测微螺杆的长度和制造上的限制，其移动量通常为 25mm，故千分尺的测量范围分别为 0 ~ 25mm，25 ~ 50mm，50 ~ 75mm，75 ~ 100mm 等，即每隔 25mm 为一规格。

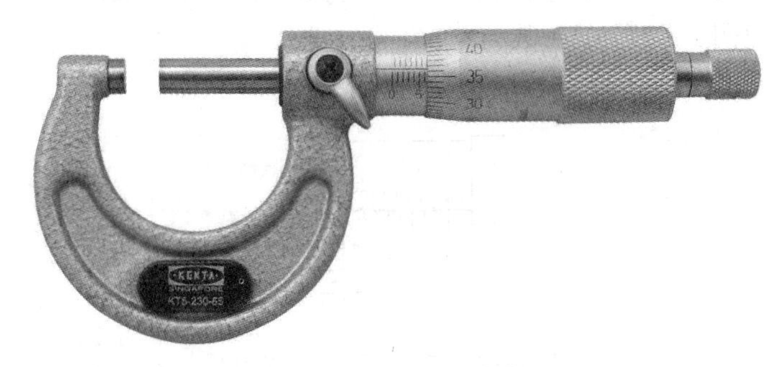

图 1-3-5　外径千分尺

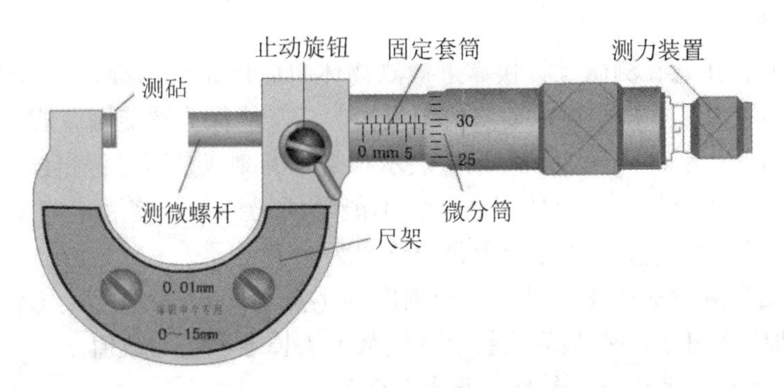

图 1-3-6　外径千分尺的结构

1）千分尺原理

千分尺是依据螺旋放大的原理制成的，即螺杆在螺母中旋转一周，螺杆便沿着旋转轴线方向前进或后退一个螺距的距离。因此，沿轴线方向移动的微小距离，就能用圆周上的读数表示出来。

千分尺的精密螺纹的螺距是 0.5mm，可动刻度有 50 个等分刻度，可动刻度旋转一周，测微螺杆可以前进或后退 0.5mm，因此旋转每一个小分度，相当于测微螺杆前进或推后 $\frac{0.5}{50}=0.01\text{mm}$。可见，可动刻度每一小分度表示 0.01mm，所以千分尺可以准确到 0.01mm。由于还能再估读一位，可以读到毫米的千分位，故名千分尺。

2）千分尺的使用方法

使用千分尺前必须调零，即当测砧和测微螺杆并拢时，可动刻度的零点应恰好与固定刻度的零点重合。否则，可动刻度的零点在固定刻度的零点之上就会使测量值偏小，反之在零点之下就会使测量值偏大。

测量时，旋出测微螺杆，并使测砧和测微螺杆的面正好接触待测长度的两端，注意不可用力旋转否则测量不准确，测砧和测微螺杆即将接触到测量面时慢慢旋转左右面的棘轮转柄直至传出咔咔的响声，那么测微螺杆向右移动的距离就是所测的长度。这个距离的整毫米数由固定刻度上读出，小数部分则由可动刻度读出。

测量读数=固定刻度+半刻度（没超过半刻度时为0）+可动刻度（+估读位）。

如图1-3-7所示，固定刻度为8mm，半刻度为0.5mm，可动刻度示值为0.06mm，估读位0.001mm，故图1-3-7中的读数为8.561mm。

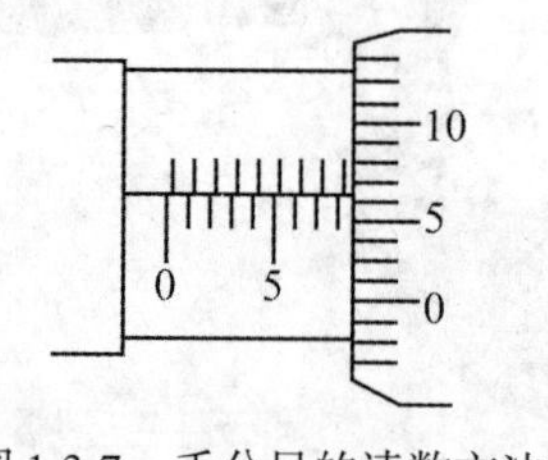

图1-3-7　千分尺的读数方法

3）注意事项

（1）测量时，注意在测微螺杆快靠近被测物体时应停止使用旋钮，而改用微调旋钮，避免产生过大的压力，这样既可以使测量结果精确，又能保护螺旋测微器。

（2）在读数时，要注意固定刻度尺上表示半毫米的刻线是否已经露出。

（3）读数时，千分位有一位估读数字，不能随便扔掉，即使固定刻度的零点正好与可动刻度的某一刻度线对齐，千分位上也应读取为“0”。

（4）当测砧和测微螺杆并拢时，可动刻度的零点与固定刻度的零点不相重合，将出现零误差，应加以修正，即在最后测长度的读数上去掉零误差的数值。

（三）数控刀柄、平口钳、卸刀座等装夹设备

1. 数控铣刀刀柄

数控铣床使用的刀具通过刀柄与主轴相连，刀柄通过拉钉紧固在主轴上，由刀柄夹持铣刀传递转速、转矩。刀柄与主轴的配合锥面一般采用7：24的锥度。工厂里实际生产中应用最广的是BT40和BT50系列刀柄和拉钉。以下是几种常用的刀柄。

（1）弹簧夹头刀柄、卡簧及拉钉如图1-3-8所示，用于装夹各种直柄立铣刀、键槽铣刀、直柄麻花钻等。卡簧装入数控刀柄前端夹持数控铣刀；拉钉拧紧在数控刀柄尾部的螺纹孔中，用于拉紧在主轴上。

（2）莫氏锥度刀柄如图1-3-9所示。莫氏锥度刀柄有莫氏锥度2号、3号、4号等，可以装夹相应的莫氏钻头、立铣刀、攻螺纹夹头等。

2. 卸刀座

卸刀座是用于铣刀从铣刀柄上装卸的装置，如图1-3-10所示。

3. 平口钳

如图1-3-11所示，平口钳用于装夹工件，并用螺钉固定在铣床工作台上。

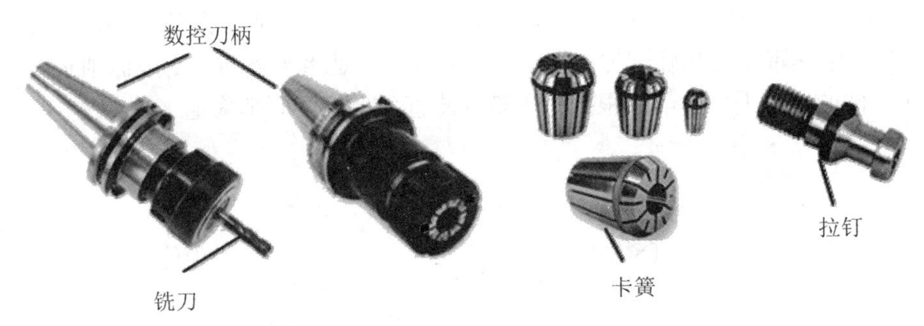

图1-3-8　弹簧夹头刀柄、卡簧及拉钉

(a) 无扁尾莫氏圆锥孔刀柄

(b) 带扁尾莫氏圆锥孔刀柄

图1-3-9　莫氏锥度刀柄

图1-3-10　卸刀座

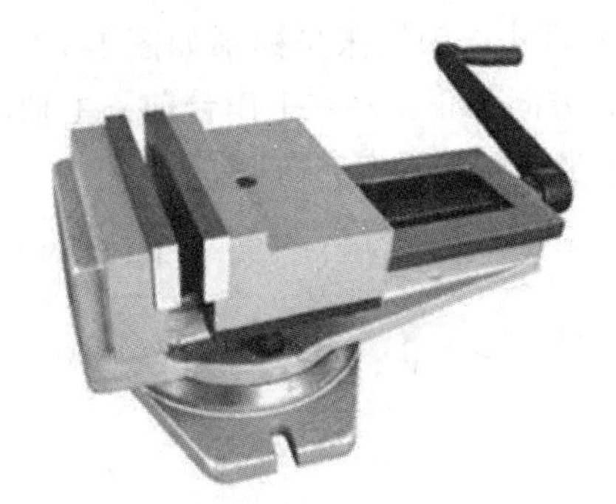

图1-3-11　平口钳

(四) 数控铣床机床坐标系

数控铣床上，为确定机床运动的方向和距离，必须要有一个坐标系才能实现，我们把这种机床固有的坐标系称为机床坐标系；该坐标系的建立必须依据一定的原则。

1. 机床坐标系的确定原则

(1) 假定刀具相对于静止的工件而运动的原则。这个原则规定，无论数控铣床是刀具运动还是工件运动，均以刀具的运动为准，工件看成静止不动，这样可以按零件图轮廓直接确定数控铣床刀具的加工运动轨迹。

(2) 采用右手笛卡儿直角坐标系原则。如图1-3-12所示，张开食指、中指与拇指相互垂直，中指指向+Z轴，拇指指向+X轴，食指指向+Y轴。坐标轴的正方向规定为增大工件与刀具之间距离的方向。旋转坐标轴A、B、C的正方向根据右手螺旋法则确定。

（3）机床坐标轴的确定方法。Z 坐标轴的运动由传递切削动力的主轴所规定，对于铣床，Z 坐标轴是带动刀具旋转的主轴；X 坐标轴一般是水平方向，X 坐标轴垂直于 Z 轴且平行于工件的装夹平面；最后根据右手笛卡儿直角坐标系原则确定 Y 轴的方向。

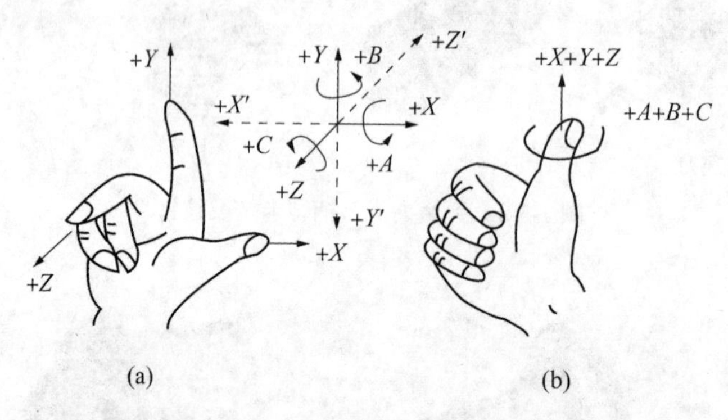

图 1-3-12　右手笛卡儿直角坐标系

2. 数控铣床机床坐标系

（1）立式铣床机床坐标系如图 1-3-13 所示，Z 坐标轴与立式铣床主轴同轴，向上远离工件为正方向。站在工作台前，面对主轴，主轴向右移动方向为 X 坐标轴的正方向，Y 坐标轴的正方向为主轴远离操作者的方向。

（2）卧式铣床机床坐标系如图 1-3-14 所示，Z 坐标轴与卧式铣床的水平主轴同轴，远离工件方向为正；站在工作台前，主轴向左（工作台向右）运动方向为 X 坐标轴的正方向，Y 坐标轴的正方向向上。

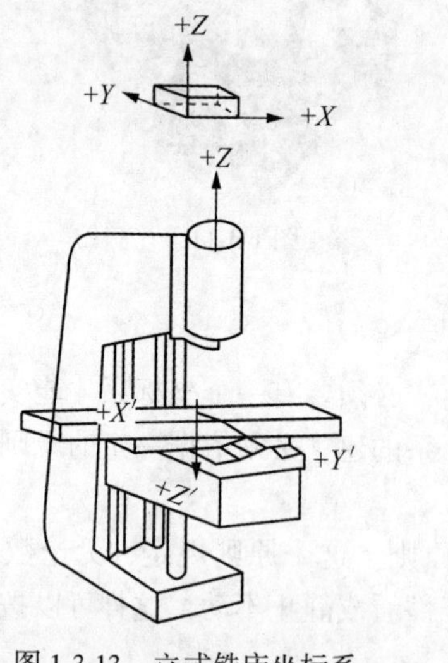

图 1-3-13　立式铣床坐标系

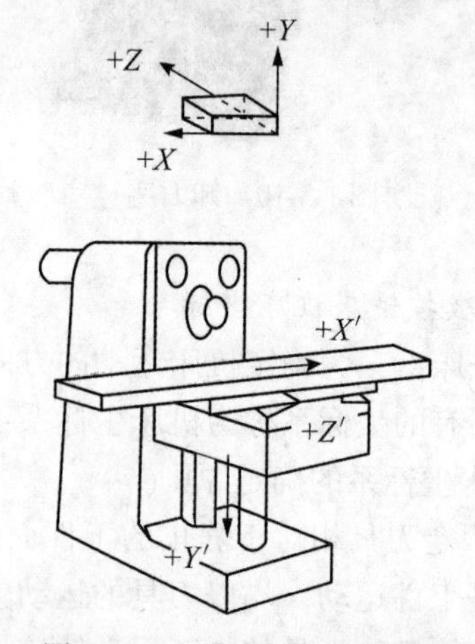

图 1-3-14　卧式铣床坐标系

3. 机床原点、机床参考点

（1）机床原点即数控机床坐标系的原点，又称为机床零点，是数控机床上设置的一个固定点，机床原点在机床装配、调试时就已设置好，一般情况下不允许用户进行更改。数控铣床原点又是数控铣床进行加工运动的基准参考点，一般设置在刀具远离工件的极限位置，即各坐标轴正方向的极限点处。

（2）机床参考点。该点在机床制造厂出厂时已调好，并将数据输入到数控系统中。对于大多数数控机床，开机时必须首先进行刀架返回机床参考点操作，以确认机床参考点。回参考点的目的就是为了建立机床坐标系，并确定机床坐标系的原点。只有机床回参考点以后，机床坐标系才建立起来，刀具移动才有了依据，否则不仅加工无基准，而且还会发生碰撞等事故。机床参考点位置在机床原点处，故回机床参考点操作可以称为回机床零点操作，简称“回零”。

四、任务实施

（一）实施设施准备

（1）数控铣床 3 台，型号：凯达 KDX-6V 数控铣床。

（2）工具、量具、刃具清单，见表 1-3-3。

表 1-3-3　**工具、量具、刃具清单**

工具、量具、刃具清单				精度（mm）	单位	数量
种类	序号	名称	规格			
工具	1	平口钳	150mm		个	1
	2	扳手			把	1
	3	平行垫铁			副	1
	4	塑胶锤子			个	1
	5	磁性表座			副	1
量具	1	游标卡尺	0～150mm	0.02	把	1
	2	百分表	0～5mm	0.01	只	1
刃具	1	键槽（立）铣刀	ϕ10mm		个	1

（二）开机、回参考点

1. 数控铣床开机操作

接通数控铣床电源→打开铣床电源开关→启动数控系统电源按钮。

2. 回参考点操作

（1）旋开急停按钮，解锁机床。

（2）点击按钮 回参考点 ，选择回参考点方式。

（3）点击 Z 轴正方向键 +Z ，首先选择 Z 轴回参考点。

（4）点击 X 轴正方向键 +X ，选择 X 轴回参考点。

（5）最后点击 Y 轴正方向 +Y ，选择 Y 轴回参考点。

（三）手动操作与试切削

1. 手动操作

（1）坐标轴控制。点击手动方式→选择进给方向。

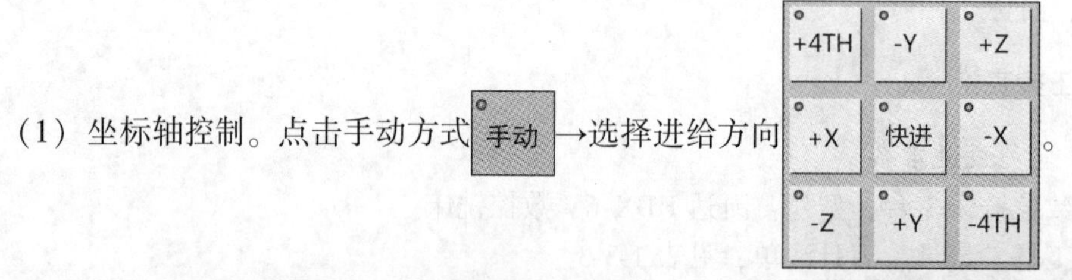

（2）主轴控制。点击手动方式 手动 →选择主轴旋转方向 主轴正转 主轴停止 主轴反转 。

2. 工件装夹、刀具装夹训练

（1）工件装夹训练：

①松开平口钳。

②选择合适的垫块，放在钳口下方，保证工件具有足够的夹持厚度。

③轻轻放平工件，与垫块充分接触。

④用平口钳扳手将工件夹紧，在夹紧过程中边夹边用胶头锤将工件敲打平，保证工件与底部的垫块充分接触。

（2）刀具装夹训练：

①将刀柄倒立放置于卸刀座的孔中定位。

②顺时针旋转取下刀柄螺母（必要时需用扳手辅助）。

③将 ϕ10mm 键槽（立铣刀）放置于弹簧夹头中，露出刀刃部分。

④将弹簧夹头放置于刀柄螺母中，将刀柄螺母逆时针旋紧。

⑤点击手动方式 手动 键→点击换刀允许 换刀允许 键→选择松紧刀具按钮 刀具松/紧 （按一下该键松开刀具，再次按下该键夹紧刀具）。

3. 试切削训练

（1）主轴正转。

（2）选择手轮进给方式 增量 。

（3）选择手轮进给方向 Z，选择合适的进给速度，注意工件外部下刀。

（4）选择手轮进给方向 X，选择合适的进给速度，慢慢转动手轮。

（5）让刀具接近工件，注意观察，当出现切削时停止进给。

五、任务总结评价

（一）自我评估

针对能力目标，对自己在任务实施过程中的表现给出分数（满分 100 分）以及 A 优秀、B 良好、C 合格、D 不合格等级予以客观评价。

<table>
<tr><td rowspan="3">知识
与
能力</td><td colspan="2"></td></tr>
<tr><td colspan="2"></td></tr>
<tr><td colspan="2"></td></tr>
<tr><td rowspan="3">问题
与
建议</td><td colspan="2"></td></tr>
<tr><td colspan="2"></td></tr>
<tr><td colspan="2"></td></tr>
<tr><td colspan="2">自我打分：　　分</td><td>评价等级：　　级</td></tr>
</table>

（二）小组评价

小组同学对该同学在任务实施过程中的表现给出分数（单项 0 ~ 20 分）及等级予以客观、合理评价。

独立工作能力	学习创新能力	小组发挥作用	任务完成	其 他
分	分	分	分	分
五项总计得分：　　分		评价等级：　　级		

（三）教师评价

指导教师根据学生在学习及任务实施过程中的工作态度、综合能力、任务完成情况予以评价。

得分：　　分，评价等级：　　级

任务1-4　数控铣床程序输入与编辑

一、任务要求

（1）掌握数控铣床的程序结构与组成；
（2）掌握数控铣床的程序命名规则；
（3）了解数控铣床的程序段、程序字含义；
（4）能独立正确输入下列程序。

```
%12
G54 G21 G17 G40 G49
M03 S800
G00 Z100
X0 Y-100
Z10
G01 Z-10 F200
G01 Y-75 F500
G02 J75
G01 Y-100
G00 Z100
M30
```

二、能力目标

（1）掌握数控程序的输入方法；
（2）会对数控程序进行复制、删除等编辑操作；
（3）会进行程序内容的编辑处理。

三、任务准备

（一）程序的结构与格式

1. 程序的文件名

CNC装置可以装入许多程序文件，以磁盘文件的方式读写，并通过调用文件名的方式来调用程序，进行编辑或加工。数控程序文件名的格式为：

O××××（地址O后接四位数字或字母）。

2. 程序的结构

程序的结构如图1-4-1所示。

一个完整的数控程序由遵循一定结构、句法和格式规则的若干程序段组成，分为程序号、程序内容和程序结束三部分。

（1）程序号。程序号即程序名，位于程序开头，用于加工过程中程序的调用。程序

文件名
程序号

```
O3101
%3101
N10   T0101
N20   M03   S800
N30   G00   X22   Z2    M08
N40   G01   X30   Z-2   F100
N50   Z-30
N60   G02   X50   Z-40  R10
N70   G01   X70   Z-60
N80   Z-80
N90   X100
N100  G00   Z100  M09
N110  M05
N120  M30
```

程序段
指令字
程 序
程序结束

图 1-4-1　程序的结构

号一般由符号“%”后加 4 位数字组成。如%1001,%0230,%5642 等。

(2) 程序内容。程序内容包含若干程序段，记录了一个完整的加工过程，是程序运行的核心内容。

(3) 程序结束。每一个数控加工程序都要有程序结束指令，大部分数控系统都采用 M02 或 M30 指令结束程序。编程时一般独立写成一个程序段，置于程序末尾。

3. 程序段

程序段是由若干指令字所构成。每一程序段规定数控铣床执行某种动作，前一程序段规定的动作完成后才开始执行下一程序段的内容。程序段的格式定义了每个程序段中指令字的句法。如图 1-4-2 所示。

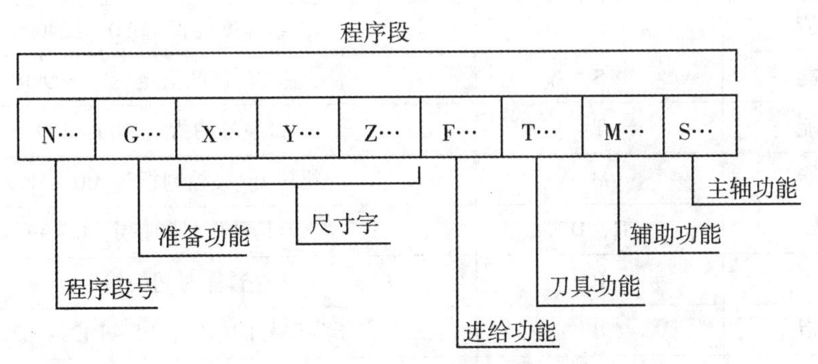

图 1-4-2　程序段

程序段格式说明：

(1) 程序段号：程序段号（或顺序号）中数字的大小并不表示加工或控制的顺序，只作为程序段的识别标记。其主要作用是程序编辑时的程序段检索或宏程序中的无条件转移。在编程时，程序段号的数字的大小可以不连续，也可以颠倒，有时甚至可以部分或全部省略。习惯上为了便于程序检索，又便于插入新的程序段，手工编程员常间隔5或10编制顺序号。例如：

N10…

N20…

N30…

（2）程序段结束：程序输入时，在数控系统MDI键盘上“Enter”键用于程序段结束，程序中无程序段结束符号显示。

（3）注释符：程序中圆括号“（）”内或分号“;”后的内容为说明文字。

4. 指令字

一个指令字是由一个地址符（指令字符）和带符号（如定义尺寸的字）或不带符号（如准备功能字G代码）的数字数据组成。程序段中不同的指令字符及其后续数值决定了每个指令字的含义。在数控程序中包含的主要指令字符如表1-4-1所示。

表1-4-1　**主要指令字符一览表**

功　能	地 址 符	意　义
程序号	%	程序编号:%1~%4294967295
程序段号	N	程序段编号：N0~N4294967295
准备功能	G	指令运动状态：G00~G99
尺寸字	X，Y，Z A，B，C U，V，W	坐标轴的移动指令±99999.999
	R	圆弧半径
	I，J，K	圆心相对于圆弧起点的增量坐标
进给功能	F	进给速度的指定 F0~F24000
主轴功能	S	主轴转速的指定 S0~S9999
刀具功能	T	刀编号的指定 T00~T99
辅助功能	M	机床开/关控制指令 M0~M99
补偿号	H，D	刀具补偿号的指定 00~99
暂停	P	暂停时间的指定
子程序号指令	P	子程序号的指定：P1~P4294967295
重复次数	L	子程序的重复次数
参数	P，Q，R，U，W，I，K，C，E，A	车削循环参数
倒角控制	C，R	

四、任务实施

在机床上完成下列操作：

（一）数控程序的输入

（1）程序编辑；

（2）新建程序；

（3）输入文件名O1234，回车；

（4）输入程序。

（二）数控程序的编辑

（1）程序编辑；

（2）出现程序列表；

（3）选择编辑程序，回车；

（4）编辑程序。

（三）输入任务要求程序

（1）程序编辑；

（2）新建程序；

（3）输入文件名O0012，回车；

（4）输入以下程序：

```
%12
G54 G21 G17 G40 G49
M03 S800
G00 Z100
X0 Y-100
Z10
G01 Z-10 F200
G01 Y-75 F500
G02 J75
G01 Y-100
G00 Z100
M30
```

五、任务总结评价

（一）自我评估

针对能力目标，对自己在任务实施过程中的表现给出分数（满分100分）以及A优秀、B良好、C合格、D不合格等级予以客观评价。

知识与能力	
问题与建议	
自我打分：　　分	评价等级：　　级

（二）小组评价

小组同学对该同学在任务实施过程中的表现给出分数（单项0～20分）及等级予以客观、合理评价。

独立工作能力	学习创新能力	小组发挥作用	任务完成	其他
分	分	分	分	分
五项总计得分：　　分		评价等级：　　级		

（三）教师评价

指导教师根据学生在学习及任务实施过程中的工作态度、综合能力、任务完成情况予以评价。

得分：　　分，评价等级：　　级

任务1-5　数控铣床MDI操作及对刀

一、任务要求

（1）掌握工件坐标系及建立方法；

（2）掌握可设定的零点偏置指令；

（2）掌握主轴正转、反转、主轴转速指令。

二、能力目标

（1）掌握 MDI 操作方法；

（2）掌握数控铣床对刀方法及验证方法。

三、任务准备

（一）机床坐标轴

1. 基本坐标轴

直线进给运动的坐标轴用 *X*、*Y*、*Z* 表示，常称为基本坐标轴。*X*、*Y*、*Z* 坐标轴的相互关系用右手定则判定，如图 1-5-1 所示。

2. 旋转轴

围绕 *X* 轴、*Y* 轴、*Z* 轴旋转的圆周进给坐标轴分别用 *A*、*B*、*C* 表示，根据右手螺旋法则判定其方向，如图 1-3-12 所示。

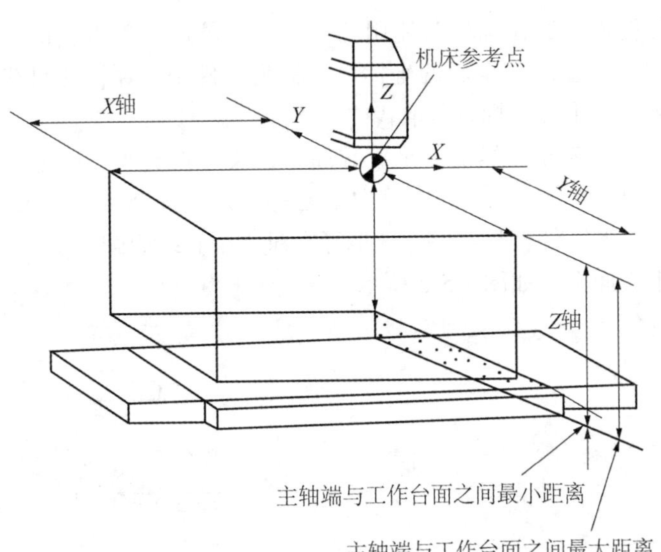

图 1-5-1 机床参考点、机床坐标轴的有效行程

3. 附加坐标轴

在基本线性坐标轴 *X* 轴、*Y* 轴、*Z* 轴之外的附加线性坐标轴制定为 *U* 轴、*V* 轴、*W* 轴和 *P* 轴、*Q* 轴、*R* 轴。

4. 数控铣床坐标方向判断

（1）*Z* 轴与主轴轴线重合，刀具远离工件的方向为 *Z* 轴正方向（+*Z*）。

（2）*X* 轴垂直于 *Z* 轴，且平行于工件的装卡面，如果 *Z* 轴竖直即立式铣床，面对刀具主轴向立柱方向看，向右运动的方向为 *X* 轴的正方向（+*X*）；如果 *Z* 轴水平即卧式铣床，顺着 *Z* 轴正方向（+*Z*）看，向左运动的方向为 *X* 轴的正方向（+*X*）。

（3）*Y* 轴、*X* 轴和 *Z* 轴一起构成遵循右手定则的坐标系统。

（二）机床坐标系零点和机床参考点

机床坐标系是机床固有的坐标系，机床坐标系的原点称为机床原点或机床零点。在机床经过设计、制造和调整后，这个原点便被确定下来，机床原点是固定的点。

数控装置上电时并不知道机床零点，每个坐标轴的机械行程是由最大限位开关和最小限位开关来限定的。

为了正确地在机床工作时建立机床坐标系，通常在每个坐标轴的移动范围内设置一个机床参考点，机床启动时，通常要进行机动或手动回参考点，以建立机床坐标系。

机床参考点可以与机床零点重合，也可以不重合，通过参数指定机床参考点到机床零点的距离。

机床回到了参考点位置，也就知道了该坐标轴的零点位置，找到所有坐标轴的参考点，CNC 就建立起了机床坐标系。机床坐标轴的有效行程范围是由软件限位来界定的，其值由制造商定义。机床参考点、机床坐标轴的有效行程如图 1-5-1 所示。

（三）工件坐标系程序原点

工件坐标系是编程人员在编程时使用的，编程人员选择工件上的某一已知点为原点（也称为程序原点），建立的一个新的坐标系，称为工件坐标系。工件坐标系一旦建立就一直有效，直到被新的工件坐标系所取代。

工件坐标系的原点选择要尽量满足编程简单，尺寸换算少，引起的加工误差小等条件。一般情况下，以坐标式尺寸标注的零件，程序原点应选择在尺寸标注的基准点；对称零件或以同心圆为主的零件，程序原点应选择在对称中心线或圆心上。*Z* 轴的程序原点通常选择在工件的上表面上，如图 1-5-2 所示。

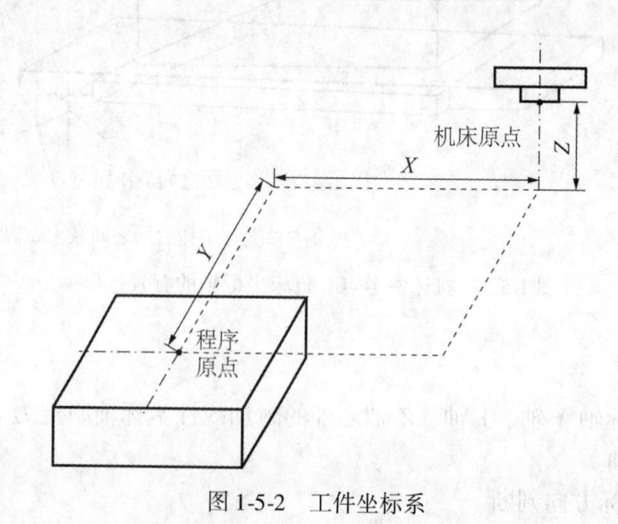

图 1-5-2　工件坐标系

（四）程序指令

1. 可设定的零点偏置指令

（1）指令代码。可设定的零点偏置指令有G54、G55、G56、G57、G58、G59等。

（2）指令功能。可设定的零点偏置指令是将机床坐标系原点偏置到工件坐标系原点上，使机床坐标系与工件坐标系重合。通过对刀操作将工件原点在机床坐标系中的位置（偏移量）输入到数控系统相应的存储器（G54、G55等）中，以实现机床坐标系与工件坐标系的重合。

（3）指令应用。

例如：N10 G00 X0 Y0 Z-10（刀具运行到机床坐标系为（0，0，-10）位置）。

N20 G54（调用G54零点偏置指令）。

N30 G00 X0 Y0 Z20（刀具运行到工件坐标系中（0，0，20）位置）。

（4）指令使用说明：

①六个可设定的零点偏置指令均为模态有效指令，一旦使用，一直有效。

②六个可设定的零点偏置功能一样，使用时可以任意使用其中之一。

③执行零点偏置指令后，机床不作移动，只是在执行程序时把工件原点在机床坐标系中的位置量带入数控系统内部计算。

2. 主轴转速功能指令

主轴功能指令（S指令）是用以设定主轴转动速度的指令，由字母S和其后的数字组成，单位为转/分钟（r/min）。例如S800表示主轴转速为800r/min。

S是模态指令，S的功能只有在主轴速度可以调节时有效。S所编程的主轴转速可以借助机床面板上的主轴倍率开关进行修调。

3. 主轴转动控制指令

M03启动主轴以程序中编制的主轴速度顺时针方向（从*Z*轴正向朝*Z*轴负向看）旋转。

M04启动主轴以程序中编制的主轴速度逆时针方向旋转。

M05使主轴停止旋转。

注：在零件加工之前，程序中必须同时启动S指令和主轴运转指令（M03或M04）。

例如：M03 S1000（主轴正转，转速1000r/min）。

四、任务实施

（一）实施设施准备

（1）数控铣床3台，型号：凯达KDX-6V数控铣床。

（2）毛坯：100mm×100mm×30mm，PVC塑料块。

（3）工具、量具、刃具：见表1-5-1。

表1-5-1　　　　　　　　　　　　**工具、量具、刃具清单**

工具、量具、刃具清单				精度(mm)	单位	数量
种类	序号	名称	规格			
工具	1	平口钳	150mm		个	1
	2	扳手			把	1
	3	平行垫铁			副	1
	4	塑胶锤子			个	1
	5	寻边器			副	1
量具	1	游标卡尺	0~150mm	0.02	把	1
	2	百分表	0~5mm	0.01	只	1
刃具	1	键槽（立）铣刀	ϕ10mm		个	2

（二）MDI操作

（1）选择MDI方式。

（2）手动输入MDI执行程序。

（3）选择自动加工方式。

（4）按下循环启动按钮 自动，执行MDI程序。

（三）试切法对刀及检验方法

1. 工件装夹

（1）松开平口钳。

（2）选择合适的垫块，放在钳口下方，保证工件具有足够的夹持厚度。

（3）轻轻放平工件，与垫块充分接触。

（4）用平口钳扳手将工件夹紧，在夹紧过程中边夹边用胶头锤将工件敲打平，保证工件与底部的垫块充分接触。

2. 刀具装夹

（1）将刀柄倒立放置于卸刀座的孔中定位。

（2）顺时针旋转取下刀柄螺母（必要时需扳手辅助）。

（3）将ϕ10mm键槽（立铣刀）放置于弹簧夹头中，露出刀刃部分。

（4）将弹簧夹头放置于刀柄螺母中，将刀柄螺母逆时针旋紧。

（5）点击手动方式 手动 →点击换刀允许 换刀允许 →选择松紧刀具按钮 刀具松/紧 （按一下该

键松开刀具，再次按下该键夹紧刀具）。

3. 对刀操作

（1）主轴正转。

（2）选择手轮进给方式 增量 。

（3）选择手轮进给方向 Z，选择合适的进给速度，注意工件外部下刀。

（4）选择手轮进给方向 X，选择合适的进给速度，慢慢转动手轮。

（5）让刀具接近工件，注意观察，当出现切屑时，停止进给，记下当前 X 轴机床坐标 X_1。

（6）以此方法，记录下 X_1、X_2、Y_1、Y_2。

（7）利用公式：$X=\frac{X_1+X_2}{2}$，$Y=\frac{Y_1+Y_2}{2}$

计算出工件原点偏置坐标 X、Y。

（8）选择手轮进给方向 Z，选择最小的进给速度，在工件上方下刀。

（9）让刀具接近工件，注意观察，当出现切屑时，停止进给，记下当前 Z 轴机床坐标 Z 即为 Z 轴原点偏置。

（10）将计算所得 X、Y、Z 对刀数据输入 G54，对刀完毕。

4. 对刀检验

（1）选择 G54 坐标，分别输入 X、Y、Z 对刀数据。

（2）将刀具置于安全点。

（3）输入以下程序：

```
%01
G54 G21 G17 G40 G49
G90 G00 Z100
X0 Y0
Z10
M30
```

（4）此时，刀具应置于工件中央上方 10mm 处。

（5）拿出另外一把 ϕ10mm 键槽（立）铣刀，置于刀具与工件之间滚动来检验 Z 轴间隙。

五、任务总结评价

（一）自我评估

针对能力目标，对自己在任务实施过程中的表现给出分数（满分 100 分）以及 A 优秀、B 良好、C 合格、D 不合格等级予以客观评价。

知识 与 能力	
问题 与 建议	
自我打分：　　分	评价等级：　　级

（二）小组评价

小组同学对该同学在任务实施过程中的表现给出分数（单项0～20分）及等级予以客观、合理评价。

独立工作能力	学习创新能力	小组发挥作用	任务完成	其 他
分	分	分	分	分
五项总计得分：　　分		评价等级：　　级		

（三）教师评价

指导教师根据学生在学习及任务实施过程中的工作态度、综合能力、任务完成情况予以评价。

得分：　　分，评价等级：　　级

项目 2　平面图形加工

任务 2-1　直线图形加工

一、任务要求

（1）掌握 N、F、S、T、M、G 等七大类程序字功能；
（2）掌握 G90、G91、G00、G01、M 指令及应用；
（3）会编制完整数控加工程序；
（4）了解华中数控系统常用 G 指令。

二、能力目标

（1）熟练掌握试切法对刀；
（2）会制定加工方案；
（3）掌握空运行及单段加工方法；
（4）完成如图 2-1-1 所示零件，其三维效果如图 2-1-2 所示。材料 PVC 塑料块，刀具 ϕ6mm 键槽铣刀，深度 1mm。

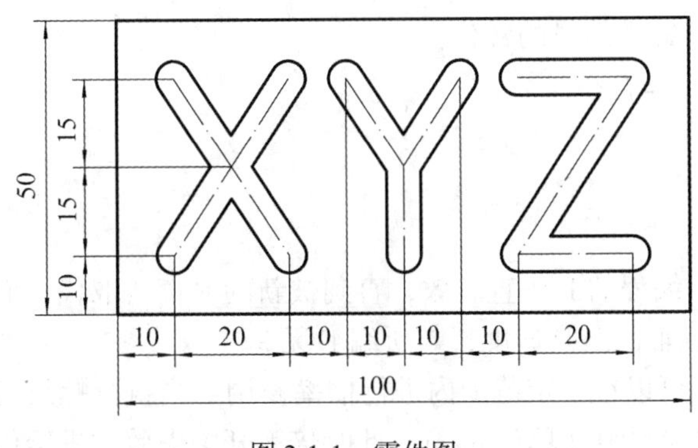

图 2-1-1　零件图

图 2-1-2　三维效果图

三、任务准备

（一）程序指令

1. 七大类程序字（功能字）

数控铣床每个程序字表示一种功能，由程序字组成一个个程序段，完成数控铣床某一预定动作。根据程序字的功能类别可以分为七大类，分别为顺序号字、尺寸字、进给功能字、刀具功能字、主轴功能字、辅助功能字和准备功能字。

1）顺序号字（程序段号）

地址：N

功能：表示该程序段的号码，一般放在程序段段首。

说明：程序段号（或顺序号）中数字的大小并不表示加工或控制的顺序，只作为程序段的识别标记。其主要作用是程序编辑时的程序段检索或宏程序中的无条件转移。在编程时，程序段号的数字的大小可以不连续，也可以颠倒，有时甚至可以部分或全部省略。习惯上为了便于程序检索，又便于插入新的程序段，手工编程员常间隔5或10编制顺序号。例如：

N10…

N20…

N30…

2）尺寸字

地址：X　Y　Z（此外还有A、B、C，I、J、K等）

功能：表示机床上刀具运动到达的坐标位置或转角。例如，G00 X10 Y30 Z50，表示刀具运动终点的坐标为（10，30，50）。尺寸单位有米制、英制之分，米制一般用毫米（mm）表示，英制用英寸（in）表示。

3）进给功能字

地址：F

功能：表示工件被加工时刀具相对于工件的合成进给速度，进给功能字由字母F和其后的数字组成。

说明：F的单位取决于G94（每分钟进给量mm/min）或G95（每转进给量mm/r）。系统通电后默认为G94模式。

使用下式可以实现每转进给量与每分钟进给量的转化：

$$f_m=f_r\times S$$

f_m：每分钟进给量（mm/min）；

f_r：每转进给量（mm/r）；

S：主轴转速（r/min）。

当工作在G01、G02或G03方式下，编程的F一直有效，直到被新的F值所取代，而工作在G00方式下，快速定位的速度是各轴的最高速度，与所编F无关。

借助机床控制面板上的倍率按键，F可以在一定范围内进行倍率修调。当执行螺纹切削指令G32、G82及G76时，F表示螺纹的螺距（单位mm），此时倍率开关失效，进给倍率固定在100%。

注：当使用每转进给量方式时，必须在主轴上安装一个位置编码器。

4）主轴功能字

地址：S

功能：用以设定主轴转动速度的指令，主轴功能字由字母S和其后的数字组成，单位为转/分钟（r/min）。例如 S800 表示主轴转速为 800r/min。

S 是模态指令，S 功能只有在主轴速度可调节时有效。S 所编程的主轴转速可以借助机床面板上的主轴倍率开关进行修调。

注：在零件加工之前，程序中必须同时启动 S 指令和主轴运转指令（M03 或 M04）。

5）刀具功能字

地址：T

功能：用于选刀，其后的数值表示选择的刀具号，T 代码与刀具的关系是由机床制造厂规定的。

在加工中心上执行 T 指令，刀库转动选择所需刀具，然后等待直到 M06 指令作用时自动完成换刀。

T 指令同时调入刀补寄存器中的刀补值（刀补长度和刀补半径）。T 指令为非模态指令，但被调用的刀补值一直有效，直到再次换刀调入新的刀补值。

6）辅助功能字

地址：M

功能：由地址字 M 和其后的一位数字或两位数字组成，主要用于控制零件程序的走向，以及数控机床各种辅助动作和开关状态。如主轴正转、反转，切削液开、停，工件夹紧、松开，程序结束等。通常，一个程序段中只能指定一个 M 指令。

说明：M 功能有非模态 M 功能和模态 M 功能两种形式。

非模态 M 功能（当段有效代码）：只在书写了该代码的程序段中有效，下一段程序需要时必须重新指定。

模态 M 功能（续效代码）：一组可以相互注销的 M 功能，这些功能在被同一组的另一个功能注销前一直有效。即一经指定就持续有效，直到被同组的另一个 M 功能取代。

模态 M 功能组中包含一个缺省功能（见表 2-1-1），系统上电时被初始化为该功能。另外，M 功能还可以分为前作用 M 功能和后作用 M 功能两类。

表 2-1-1　**M 指令及功能**

代　码	模　态	功　　能	代　码	模　态	功　　能
M00	非模态	程序暂停	M03	模态	主轴正转
M02	非模态	程序结束	M04	模态	主轴反转
M30	非模态	程序结束并返回程序起点	▲M05	模态	主轴停转
			M06	非模态	换刀
			M07	模态	2 号切削液开
M98	非模态	调用子程序	M08	模态	1 号切削液开
M99	非模态	子程序结束	▲M09	模态	切削液关

前作用 M 功能：在程序段编制的主轴运动之前执行。

后作用 M 功能：在程序段编制的主轴运动之后执行。

华中世纪星数控装置M代码功能如表2-1-1所示（标记▲者为缺省值）。

注：M00、M02、M30、M98、M99用于控制零件程序的走向，是CNC内定的辅助功能，不由机床制造商设计决定，亦即，与PLC程序无关。

其余M代码用于机床各种辅助功能的开关动作，其功能不由CNC内定，而是由PLC程序指定，所以有可能因机床制造厂不同而有差异（表2-1-1内为标准PLC指定的功能），请使用者参考机床说明书。

7）准备功能字

地址：G

功能：由地址G和其后的一位数字到两位数字组成，准备功能字是建立机床或控制系统工作方式的一种指令，主要用来规定刀具和工件的相对运动轨迹、机床坐标系、坐标平面、刀具补偿、坐标偏置等多种加工操作。

表2-1-2为华中世纪星HNC-21T数控系统的G指令功能表。各G指令按功能分为若干组，其中00组的指令称为非模态G指令，其余组为模态G指令。

非模态G功能（当段有效代码）：只在书写了该代码的程序段中有效，下一段程序需要时必须重新指定。

模态G功能（续效代码）：一组可以相互注销的G功能，这些功能在被同一组的另一个功能注销前一直有效。

表2-1-2　**准备功能一览表**

G代码	组	功能	参数（后续地址字）
G00	01	快速定位	X、Y、Z
▲G01		直线插补	X、Y、Z
G02		顺时针圆弧插补	X、Y、Z、I、J、K、R
G03		逆时针圆弧插补	X、Y、Z、I、J、K、R
G04	00	暂停	P
G07	16	虚轴指定	X、Y、Z、4TH
G09	00	准停校验	
▲G17	02	*XY*平面选择	X、Y、U、V
G18		*ZX*平面选择	X、Z、U、W
G19		*YZ*平面选择	Y、Z、V、W
G20	08	英寸输入	
▲G21		毫米输入	

续表

G 代码	组	功能	参数（后续地址字）
G24	03	镜像开	X、Y、Z、4TH
▲G25		镜像关	X、Y、Z、4TH
G28	00	返回参考点	X、Y、Z
G29		由参考点返回	X、Y、Z
▲G36	16	直径编程	
G37		半径编程	
▲G40	09	刀具半径补偿取消	
G41		刀具半径左补偿	D
G42		刀具半径右补偿	D
G43	10	刀具长度正向补偿	H
G44		刀具长度负向补偿	H
▲G49		刀具长度补偿取消	
▲G50	04	缩放开	
G51		缩放关	X、Y、Z、P
G52	00	局部坐标系设定	X、Y、Z、4TH
G53	00	直接机床坐标系编程	X、Y、Z、4TH
▲G54	11	坐标系选择	
G55		坐标系选择	
G56		坐标系选择	
G57		坐标系选择	
G58		坐标系选择	
G59		坐标系选择	
G60		单方向定位	
G61	12	精确停止校验方式	
▲G64		连续方式	

续表

G代码	组	功能	参数（后续地址字）
G65	00	子程序调用	P、A~Z
G68	05	旋转变换	X、Y、Z、P
▲G69		旋转取消	X、Y、Z、P
G73	06	深孔钻削循环	X、Y、Z、P、Q、R、I、J、K
G74		逆攻丝循环	同上
G76		精镗循环	同上
▲G80		固定循环取消	同上
G81		定心钻循环	同上
G82		钻孔循环	同上
G83		深孔钻循环	同上
G84		攻丝循环	同上
G85		镗孔循环	同上
G86		镗孔循环	同上
G87		反镗循环	同上
G88		镗孔循环	同上
G89		镗孔循环	同上
▲G90	13	绝对值编程	
G91		增量值编程	
G92	00	工件坐标系设定	X、Y、Z、4TH
▲G94	14	每分钟进给	
G95		每转进给	
▲G98	15	固定循环返回到起始点	
G99		固定循环返回到 *R* 点	

注：00组中的G代码是非模态的，其他组的G代码是模态的。标记▲者为缺省值。

2. 绝对值编程G90与增量值编程G91

格式：G90

G91

说明：

G90为绝对值编程，每个编程坐标轴上的编程值是相对于程序原点的。

G91为相对值编程，每个编程坐标轴上的编程值是相对于前一位置而言的，该值等于沿轴移动的距离。

绝对值编程时，用 G90 指令后的 X、Y、Z 表示 *X* 轴、*Y* 轴、*Z* 轴的坐标值。

增量值编程时，用 G91 指令后的 X、Y、Z 表示 *X* 轴、*Y* 轴、*Z* 轴的增量值。

G90、G91 为模态功能，可以相互注销，G90 为缺省值。

选择合适的编程方式可以使编程简化。

当图纸尺寸由一个固定基准给定时，采用绝对方式编程较为方便；而当图纸尺寸是以轮廓顶点之间的间距给出时，采用相对方式编程较为方便。

G90、G91 可用于同一程序段中，但应注意其顺序所造成的差异。

3. 快速点定位 G00

格式：G00 X_ Y_ Z_

说明：

X、Y、Z：快速定位终点，在 G90 时为终点在工件坐标系中的绝对坐标；在 G91 时为终点相对于起点的位移量。

G00 指令刀具相对于工件以各轴预先设定的速度，从当前位置快速移动到程序段指令的定位目标点。

G00 指令中的快移速度由机床参数“快移进给速度”对各轴分别设定，不能用 F 规定。

G00 一般用于加工前快速定位或加工后快速退刀。

快移速度可以由面板上的快速修调旋钮修正。

G00 为模态功能，可以由 G01、G02、G03 或 G33 功能注销。

注意：在执行 G00 指令时，由于各轴以各自速度移动，不能保证各轴同时到达终点，因而联动直线轴的合成轨迹不一定是直线。操作者必须格外小心，以免刀具与工件发生碰撞。常见的做法是将 *Z* 轴移动到安全高度，再放心地执行 G00 指令。

【例】 如图 2-1-3 所示，使用 G00 编程，要求刀具从 *A* 点快速定位到 *B* 点。

当 *X* 轴和 *Y* 轴的快进速度相同时，从 *A* 点到 *B* 点的快速定位路线为 *A*→*C*→*B* 即以折线的方式到达 *B* 点，而不是以直线方式从 *A*→*B*。

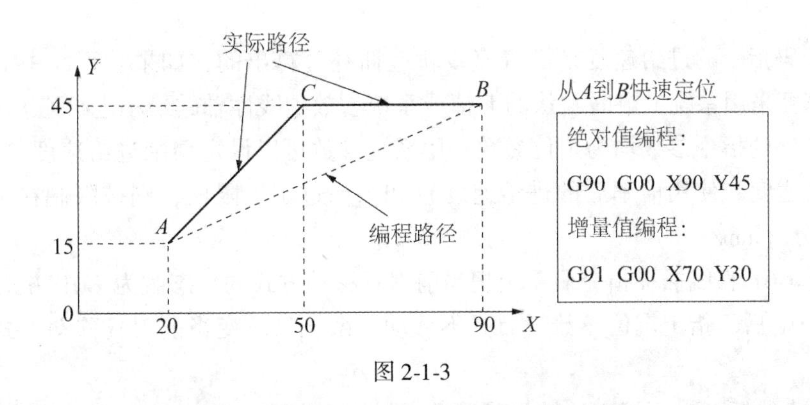

图 2-1-3

说明：

①G00 后的 3 个指令参数为定位参数，其参数字只能是 *X*、*Y*、*Z*，均为可选参数。

绝对值指令编程时，参数表示为坐标系下编程终点的坐标值。以增量值指令编程时，参数表示为编制刀具各轴移动的距离和方向。若采用多余参数进行编程，系统加工时不能通过或不按照编程路径进刀，有时会给出报警提示。

②执行 G00 后，系统把当前刀具移动方式的模态改为 G00 方式。

③不指定定位参数刀具不移动，系统只改变当前刀具移动方式的模态为 G00。

④G00 运行时的刀具轨迹是否采用直线由参数 P18.7 控制。采取直线方式定位时，包括 G28 指定在参考点和中间位置之间的定位这种情况。刀具以不超过每轴的最大快速移动速度使各轴移动合成轨迹为一直线，同时同步定位到目标点。非直线时，各指定的轴以设定的最高速度同时移动，直到指令的目标点。

⑤由 G00 指令的定位方式为程序段的开始刀具加速到预定的速度，而在程序的终点减速，在确认到位之后执行下一个程序段。

⑥G00 与 G0 是等效格式。

⑦*X* 轴、*Y* 轴、*Z* 轴 G0 速度由参数 P261 ~ P263 设定。

4. 直线插补 G01

格式：G01 X_ Y_ Z_ F_

说明：

X、Y、Z：线性进给终点。在 G90 时为终点在工件坐标系中的坐标；在 G91 时为终点相对于起点的位移量。

F：合成进给速度。

G01 指令刀具以联动的方式，按 F 规定的合成进给速度，从当前位置按线性路线（联动直线轴的合成轨迹为直线）移动到程序段指令的终点。

G01 是模态代码，可以由 G00、G02、G03 或 G33 功能注销。

注意：

①F 指定的进给速度，直到新的 F 值被指定之前一直有效，因此无需对每个程序段都指定 F。

用 F 代码指令的进给速度是沿着直线轨迹插补计算出的，如果在程序中 F 代码不指令，进给速度采用系统上电时默认的 F 值或系统参数中线性轴的最小进给速度。

②除 F 外的指令参数均为定位参数。用系统参数可以设定切削进给速度 F 的上限值。实际的切削速度（使用倍率后的进给速度）如果超过了上限值，则被限制在上限值。单位为毫米/分（mm/min）。

③执行 G01 直线插补指令后系统把当前刀具移动方式的模态改为 G01 方式。

④当 G01 后不指定定位参数时刀具不移动，系统只改变当前刀具移动方式的模态为 G01。

⑤G01 直线插补时不指定的轴将不移动，保持原先的位置。

【例】 如图 2-1-4 所示，使用 G01 编程要求从 *A* 点线性进给到 *B* 点，此时的进给路线是从 *A*→*B* 的直线。

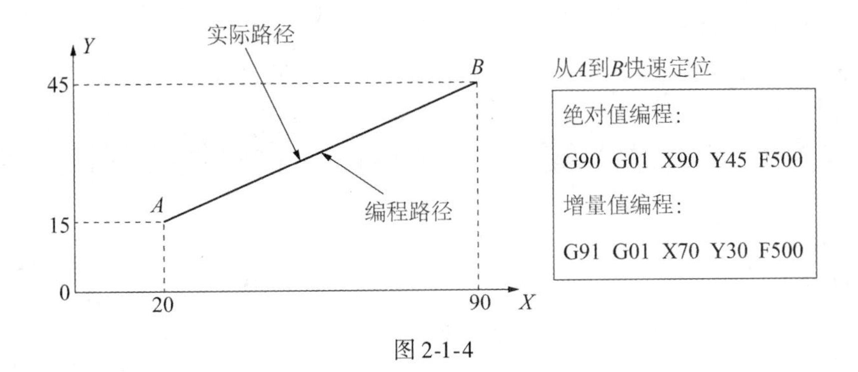

图 2-1-4

（二）编程范例

如图 2-1-5 所示，毛坯：100mm×100mm×30mm 刀具：ϕ10 平底刀，切深 3mm。

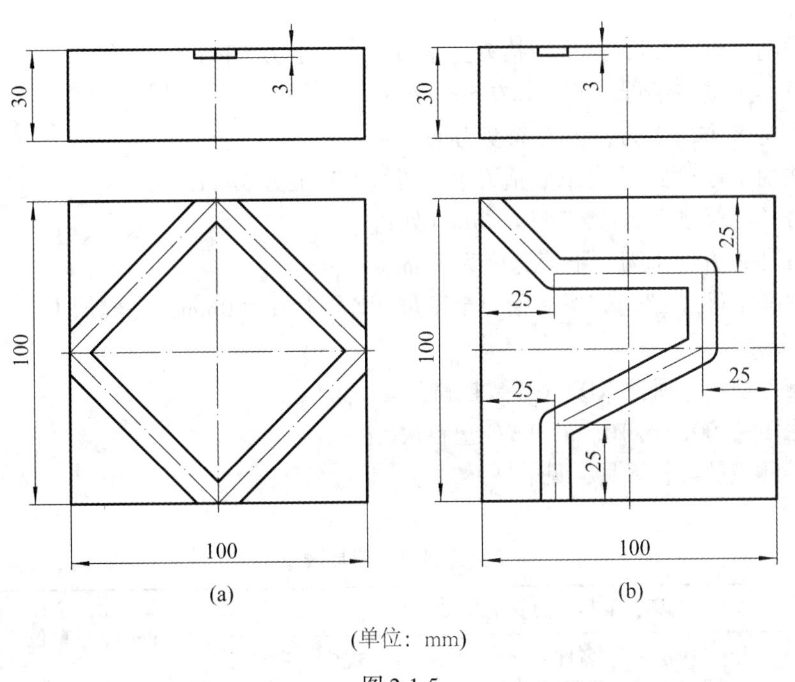

(单位：mm)

图 2-1-5

```
%21
G54
M03 S800
G00 Z100
X0 Y60
Z10
G01 Z-3 F100
```

```
%22
G54
M03 S800
G00 Z100
X-60 Y60
Z10
G01 Z-3 F100
```

```
X50 Y0 F500
X0 Y-50
X-50 Y0
X0 Y50
Y60
G00 Z100
M30
```

```
X-25 Y25
X25
Y0
X-25 Y-25
Y-60
G00 Z100
M30
```

四、任务实施

(一) 加工工艺方案

(1) 刀具定位在字母“X”上方5mm处;

(2) 刀具 Z 方向下刀, 下刀深度为1mm;

(3) 铣削字母“X”, 完毕后抬刀至字母“X”上方5mm;

(4) 刀具定位在字母“Y”上方5mm处;

(5) 刀具 Z 方向下刀, 下刀深度为1mm;

(6) 铣削字母“Y”, 完毕后抬刀至字母“Y”上方5mm;

(7) 刀具定位在字母“Z”上方5mm处;

(8) 刀具 Z 方向下刀, 下刀深度为1mm;

(9) 铣削字母“Z”, 完毕后抬刀至字母“Z”上方100mm, 完成加工。

(二) 实施设施准备

(1) 设备型号: 凯达KDX-6V数控铣床。

(2) 毛坯: 100×50×10mm, PVC塑料块。

(3) 工具、量具、刃具, 见表2-1-3。

表2-1-3 **工具、量具、刃具清单**

工具、量具、刃具清单				精度(mm)	单位	数量
种类	序号	名称	规格			
工具	1	精密平口钳	150mm	0.1	个	1
	2	平口钳扳手	同上	—	把	1
	3	胶头锤	—	—	把	1
	4	垫块	—	—	块	2
	5	毛刷	—	—	把	1
量具	1	三角尺	150mm	1	把	1
	2	游标卡尺	150mm	0.02	把	1
刃具	1	键槽铣刀	ϕ6 mm	—	个	

（三）参考程序编制

```
%01
G54
M03 S800
G00 Z100
X10 Y40
Z10              *（定位字母“X”）
G01 Z-1 F50      *（下刀）
X30 Y10 F500
X20 Y25
X30 Y40
X10 Y10          *（完成字母“X”的加工）
G00 Z10
X40 Y40          *（定位字母“Y”）
G01 Z-1 F50      *（下刀）
X50 Y25 F500
X60 Y40
X50 Y25
X10              *（完成字母“Y”加工）
G00 Z10
X70 Y40          *（定位字母“Z”）
G01 Z-1 F50      *（下刀）
X90 F500
X70 Y10
X90              *（完成字母“Z”加工）
G00 Z100
M05
M30
```

（四）零件加工步骤

（1）按顺序打开机床，并将机床回参考点。

（2）装好垫块，安装好零件，并用胶头锤将工件锤平夹紧。

（3）利用寻边器对 *X* 轴、*Y* 轴对刀。

（4）装上 $\phi 6$ 键槽刀，*Z* 方向进行对刀，建立工件坐标系。

（5）锁住机床，校验程序。

（6）程序校验无误后，开始加工。

（7）加工完成后，按照图纸检查零件。

（8）检查无误后，清扫机床，关机。

五、任务总结评价

（一）自我评估

针对能力目标，对自己在任务实施过程中的表现给出分数（满分100分）以及A优秀、B良好、C合格、D不合格等级予以客观评价。

知识与能力	
问题与建议	
自我打分：　　分	评价等级：　　级

（二）小组评价

小组同学对该同学在任务实施过程中的表现给出分数（单项0~20分）及等级予以客观、合理评价。

独立工作能力	学习创新能力	小组发挥作用	任务完成	其他
分	分	分	分	分
五项总计得分：　　分		评价等级：　　级		

（三）教师评价

指导教师根据学生在学习及任务实施过程中的工作态度、综合能力、任务完成情况予以评价。

得分：　　分，评价等级：　　级

六、技能拓展

（1）如图 2-1-6 所示，用直径 ϕ4mm 的两刃立铣刀沿轮廓线加工，槽深 2mm，选择合适的切入、切出路径。

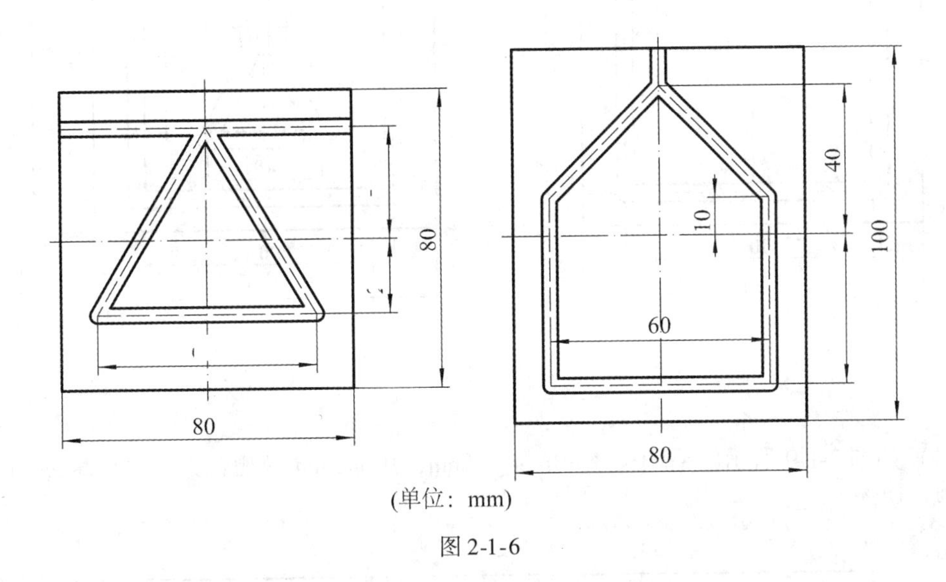

(单位：mm)

图 2-1-6

（2）如图 2-1-7 所示，直径 ϕ6mm 两刃立铣刀，铣深 ϕ2mm。

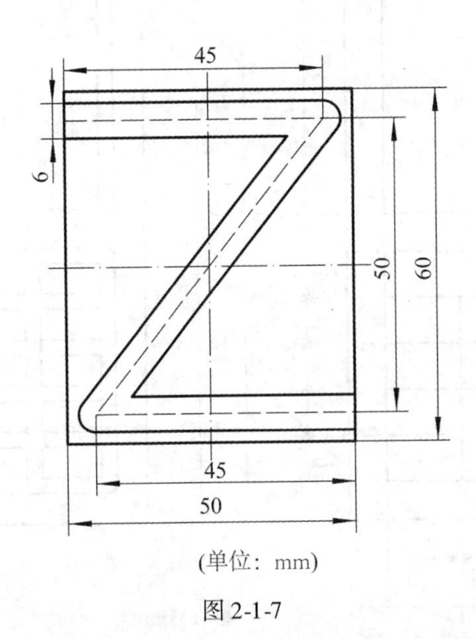

(单位：mm)

图 2-1-7

（3）如图 2-1-8 所示，用 ϕ6mm 的两刃键槽铣刀沿轮廓线加工，毛坯厚 30mm，槽深 2mm，选择合适的下刀点和切削路径。

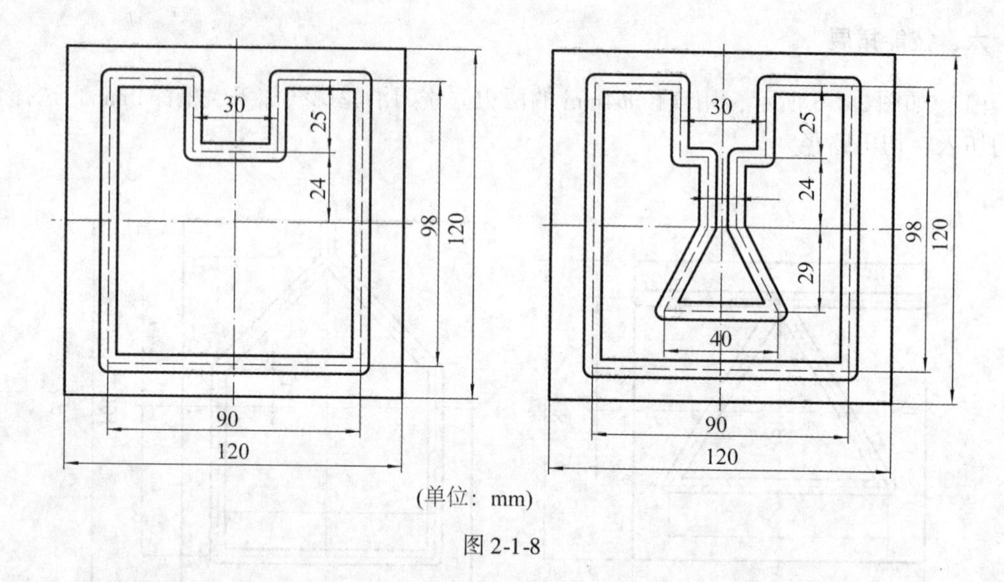

(单位：mm)

图 2-1-8

（4）如图 2-1-9 所示，毛坯尺寸 40mm×80mm，用 ϕ2mm 键槽铣刀，沿轮廓线加工手机模型，切深 1mm。

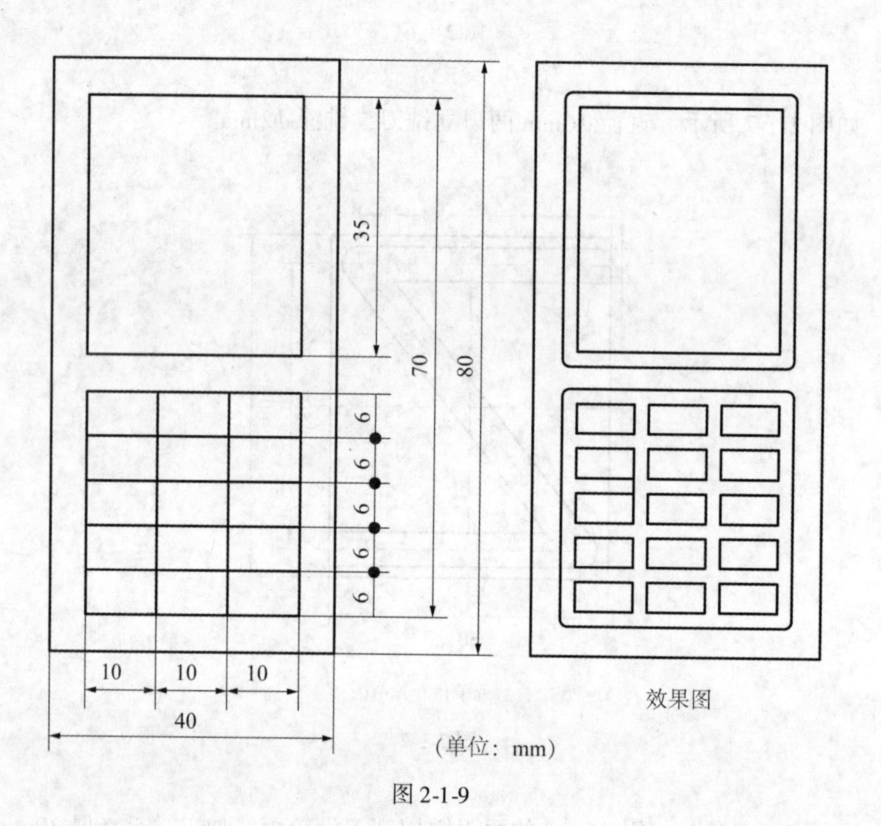

(单位：mm)

图 2-1-9

（5）用直径 ϕ10mm 的键槽铣刀加工图 2-1-10 所示所示零件，铣深 ϕ2mm。

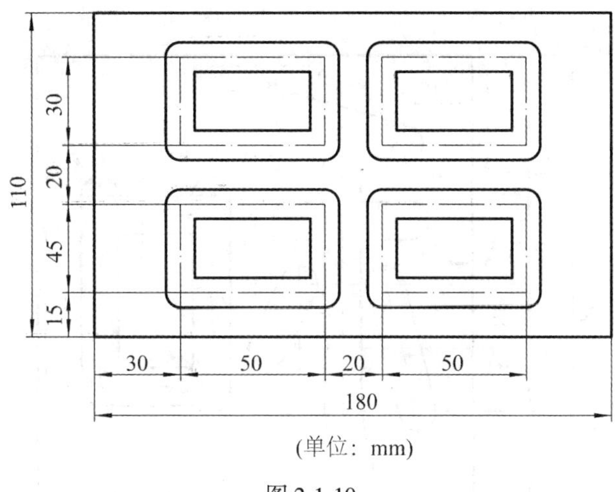

(单位：mm)

图 2-1-10

（6）用 ϕ6mm 键槽铣刀，沿点画线加工图 2-1-11 所示“囍”字，字深 1mm，选择合适点为编程原点。

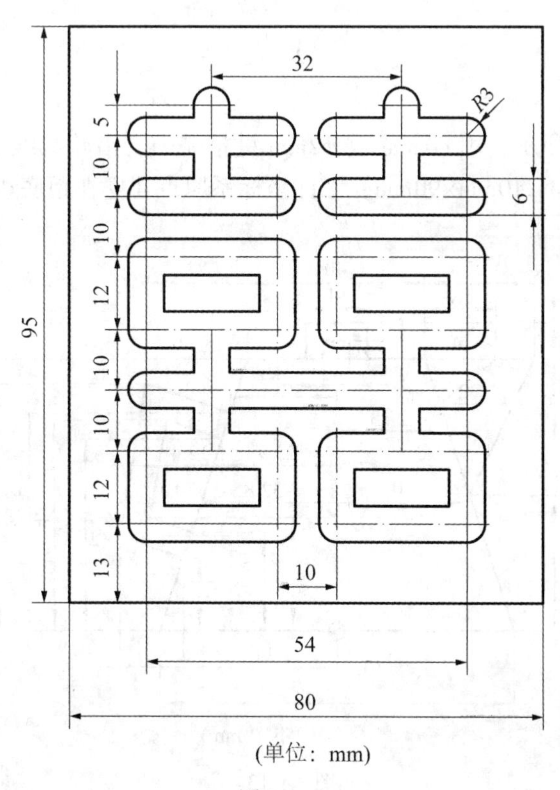

(单位：mm)

图 2-1-11

（7）如图2-1-12所示，用ϕ6mm键槽铣刀，沿点画线加工“和”字，字深1mm，编程原点定在左下角。

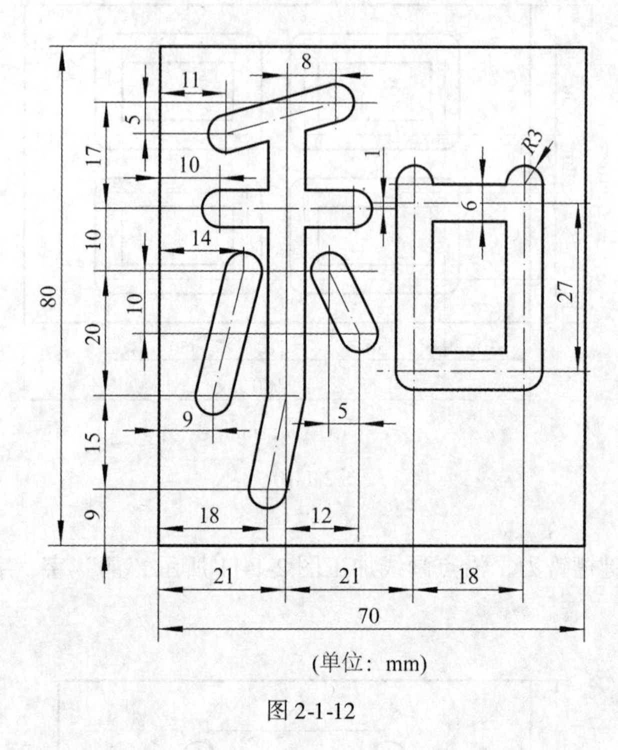

(单位：mm)

图2-1-12

（8）如图2-1-13所示，用ϕ1mm或ϕ2mm键槽铣刀，沿轮廓线加工直线条茶壶，切深1mm；毛坯尺寸选择110mm×90mm，工件坐标系原点建立在距底边10mm的中线处。

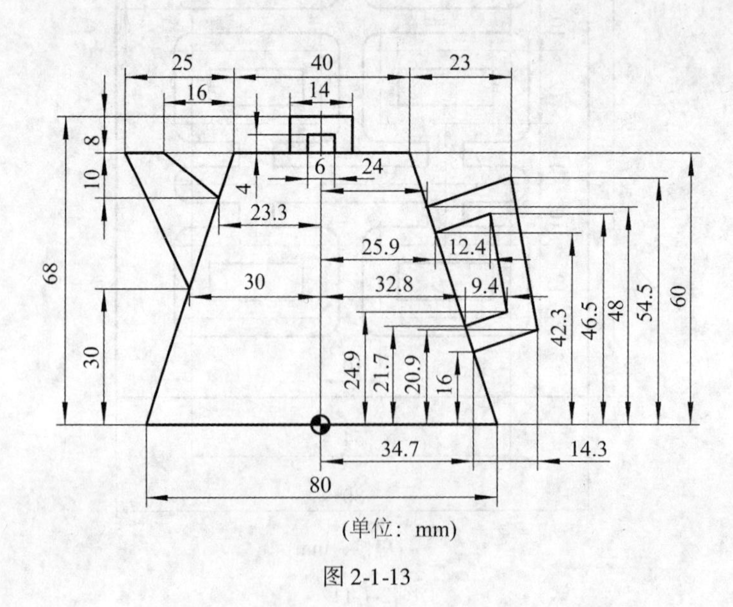

(单位：mm)

图2-1-13

任务 2-2　圆弧图形加工

一、任务要求

(1) 了解 G17、G18、G19 平面选择指令含义；
(2) 掌握 G02、G03 圆弧插补指令及应用；
(3) 会计算基点坐标。

二、能力目标

(1) 掌握圆弧加工方法；
(2) 掌握零件自动加工方法；
(3) 完成如图 2-2-1 所示零件，其三维效果如图 2-2-2 所示。材料采用 PVC 塑料块，刀具为 ϕ6mm 键槽铣刀，深度 1mm。

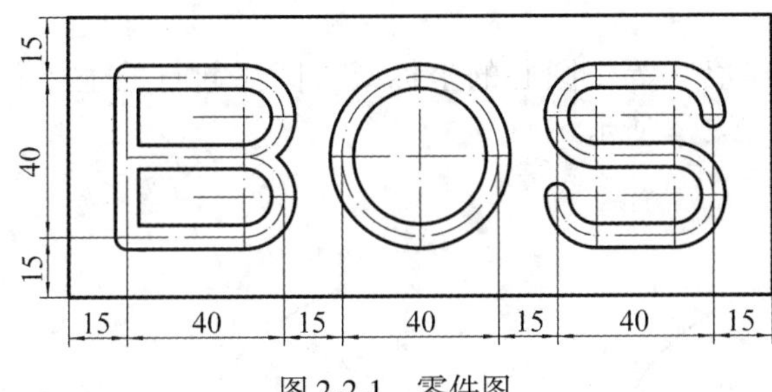

图 2-2-1　零件图

图 2-2-2　三维效果图

三、任务准备

(一) 圆弧插补 G02/G03

1. 指令格式

格式：

$$G17\left\{\begin{matrix}G02\\G03\end{matrix}\right\}X\_\ \ Y\_\ \left\{\begin{matrix}I\_\ \ J\_\\R\_\end{matrix}\right\}F\_$$

$$G18\left\{\begin{matrix}G02\\G03\end{matrix}\right\}X\_\ \ Z\_\ \left\{\begin{matrix}I\_\ \ K\_\\R\_\end{matrix}\right\}F\_$$

$$G19\left\{\begin{matrix}G02\\G03\end{matrix}\right\}Y\_\ \ Z\_\ \left\{\begin{matrix}J\_\ \ K\_\\R\_\end{matrix}\right\}F\_$$

说明（图 2-2-3）：
G02：顺时针圆弧插补；
G03：逆时针圆弧插补；
G17：*XY* 平面的圆弧；

G18：*ZX* 平面的圆弧；

G19：*YZ* 平面的圆弧；

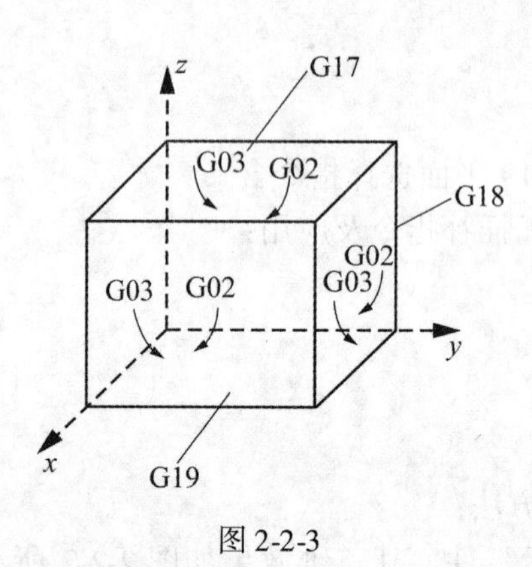

图 2-2-3

X、Y、Z：圆弧终点，在 G90 时为圆弧终点在工件坐标系中的坐标；在 G91 时为圆弧终点相对于圆弧起点的位移量；

I、J、K：圆心相对于圆弧起点的偏移值（等于圆心的坐标减去圆弧起点的坐标），在 G90/G91 时都是以增量方式指定，如图 2-2-4 所示。

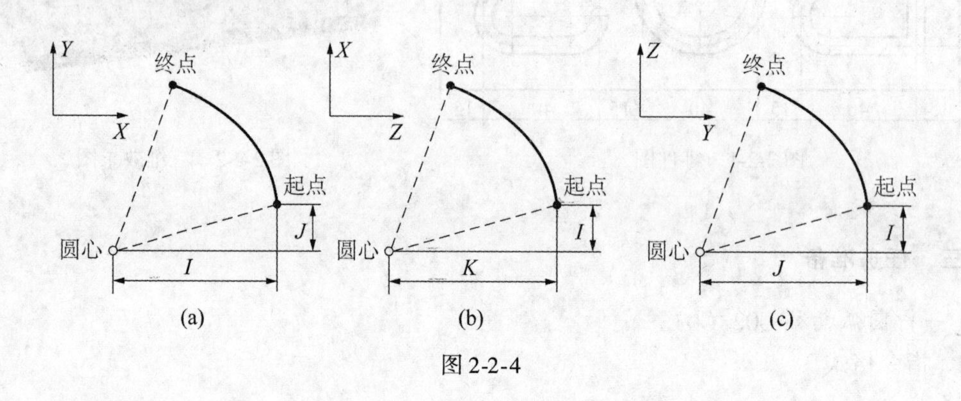

图 2-2-4

R：圆弧半径，当圆弧圆心角小于 180°时，R 为正值，否则 R 为负值；

F：被编程的两个轴的合成进给速度。

2. 说明

G02/G03 指定刀具以联动的方式，按 F 规定的合成进给速度，在 G17/G18/G19 规定的平面内，从当前位置按顺/逆时针圆弧路线（联动轴的合成轨迹为圆弧）移动到程序段指令的终点。

注意：①顺时针或逆时针是从垂直于圆弧所在平面的坐标轴的正方向向负方向看所看到的回转方向。

②整圆编程时不可以使用 *R*，只能用 *I*、*J*、*K*。

③同时编入 *R* 与 *I*、*J*、*K* 时，*R* 有效。

（二）编程范例

（1）如图 2-2-5 所示，毛坯尺寸：100mm×100mm×30mm，刀具为 ϕ10mm 平底刀，切深：3mm。

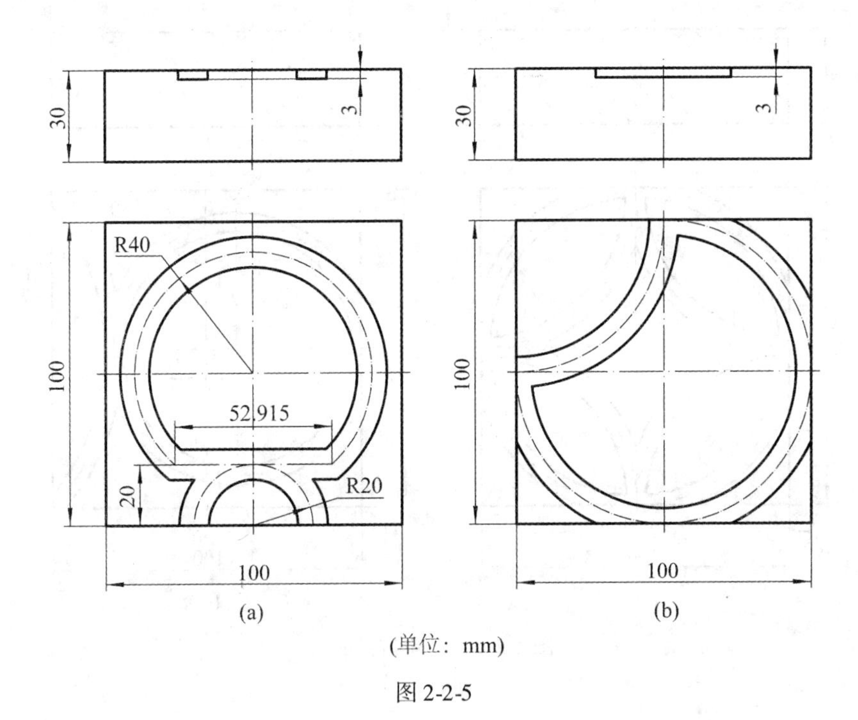

(单位：mm)

图 2-2-5

```
%31
G54
M03 S800
G00 Z100
X-20 Y-60
Z10
G01 Z-3 F100
Y-50 F500
G02 X0 Y-30 R20
G01 X26. 458
G03 X-26. 458 R-40
G01 X0
G02 X20 Y-50 R20
G01 Y-60
G00 Z100
M30
```

```
%32
G54
M03 S800
G00 Z100
X0 Y60
Z10
G01 Z-3 F100
Y50 F500
G02 X-50 Y0 R50
G03 X0 Y50 R-50
G01 Y60
G00 Z100
M30
```

（2）如图2-2-6所示，毛坯尺寸为100mm×100mm×30mm，刀具为 ϕ6mm 平底刀，切深3mm。

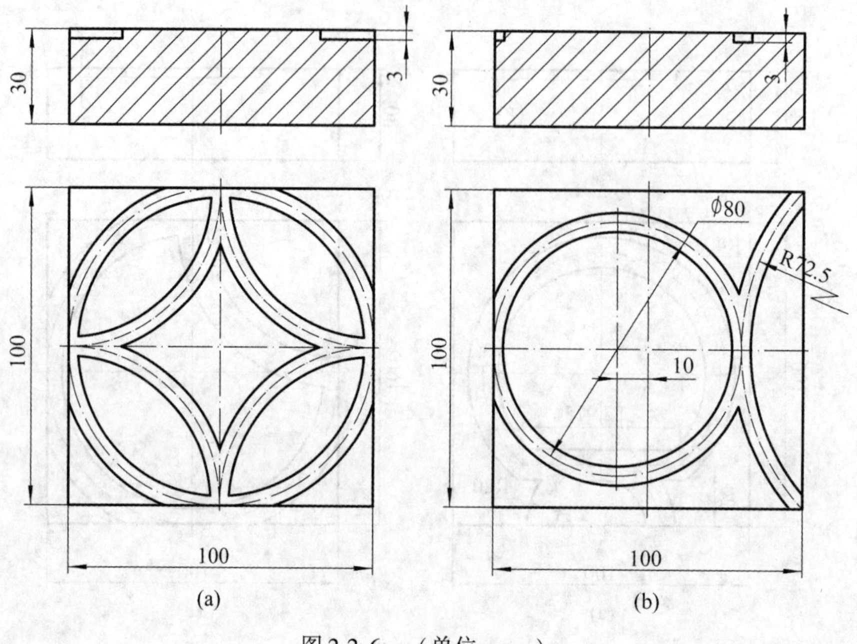

图2-2-6　（单位：mm）

```
%33
G54
M03 S1200
G00 Z100
X0 Y56
Z10
G01 Z-3 F100
Y50 F500
G03 X50 Y0 R50
X0 Y-50 R50
X-50 Y0 R50
X0 Y50 R50
G02 J-50
G00 Z100
M30
```

```
%34
G54
M03 S1200
G00 Z100
X50 Y50
Z10
G01 Z-3 F100
G03 X30 Y10 R72. 5 F500
G02 I-40
G03 X50 Y50 R72. 5
G00 Z100
M30
```

四、任务实施

（一）加工工艺方案

（1）刀具定位在字母“B”上方 5mm 处；
（2）刀具 Z 方向下刀，下刀深度为 1mm；
（3）铣削字母“B”，完毕后抬刀至字母“B”上方 5mm；
（4）刀具定位在字母“O”上方 5mm 处；
（5）刀具 Z 方向下刀，下刀深度为 1mm；
（6）铣削字母“O”，完毕后抬刀至字母“O”上方 5mm；
（7）刀具定位在字母“S”上方 5mm 处；
（8）刀具 Z 方向下刀，下刀深度为 1mm；
（9）铣削字母“S”，完毕后抬刀至字母“S”上方 100mm，完成加工。

（二）实施设施准备

（1）设备型号：凯达 KDX-6V 数控铣床。
（2）毛坯：180mm×70mm×10mm，PVC 塑料块。
（3）工具、量具、刃具，见表 2-2-1。

表 2-2-1　**工具、量具、刃具清单**

工具、量具、刃具清单				精度(mm)	单位	数量
种类	序号	名称	规格			
工具	1	精密平口钳	200mm	0.1	个	1
	2	平口钳扳手	同上	—	把	1
	3	胶头锤	—	—	把	1
	4	垫块	—	—	块	2
	5	毛刷	—	—	把	1
量具	1	三角尺	200mm	1	把	1
	2	游标卡尺	200mm	0.02	把	1
刃具	1	键槽铣刀	ϕ6 mm	—	个	

（三）参考程序编制

```
%02
G54
M03 S800
G00 Z100
X15 Y15
Z10                  *（定位字母“B”）
```

```
G01 Z-1 F50             *（下刀）
X30 Y55 F500
X45
G03 X45 Y35 R10
G03 X45 Y15 R10
G01 X15                 *（完成字母“B”的加工）
G00 Z10
X70 Y35                 *（定位字母“O”）
G01 Z-1 F50             *（下刀）
G03 I20 F500            *（完成字母“O”加工）
G00 Z10
X165 Y45                *（定位字母“S”）
G01 Z-1 F50             *（下刀）
G02 X155 Y55 R10 F500
G01 X135
G02 X135 Y35 R10
G01 X155
G03 X155 Y15 R10
G01 X135
G03 X125 Y25 R10        *（完成字母“S”加工）
G00 Z100
M05
M30
```

（四）零件加工步骤

（1）按顺序打开机床，并将机床回参考点；

（2）装好垫块，安装好零件，并用胶头锤将工件锤平夹紧；

（3）利用寻边器对 *X* 轴、*Y* 轴对刀；

（4）装上 ϕ6mm 键槽刀，*Z* 方向进行对刀，建立工件坐标系；

（5）锁住机床，校验程序；

（6）程序校验无误后，开始加工；

（7）加工完成后，按照图纸检查零件；

（8）检查无误后，清扫机床，关机。

五、任务总结评价

（一）自我评估

针对能力目标，对自己在任务实施过程中的表现给出分数（满分 100 分）以及 A 优秀、B 良好、C 合格、D 不合格等级予以客观评价。

知识与能力	
问题与建议	
自我打分：　　分	评价等级：　　级

（二）小组评价

小组同学对该同学在任务实施过程中的表现给出分数（单项 0 ~ 20 分）及等级予以客观、合理评价。

独立工作能力	学习创新能力	小组发挥作用	任务完成	其他
分	分	分	分	分
五项总计得分：　　分		评价等级：　　级		

（三）教师评价

指导教师根据学生在学习及任务实施过程中的工作态度、综合能力、任务完成情况予以评价。

得分：　　分，评价等级：　　级

六、技能拓展

（1）用 ϕ10mm 键槽铣刀加工图 2-2-7，切深 1mm，图中虚线为刀具中心轨迹。

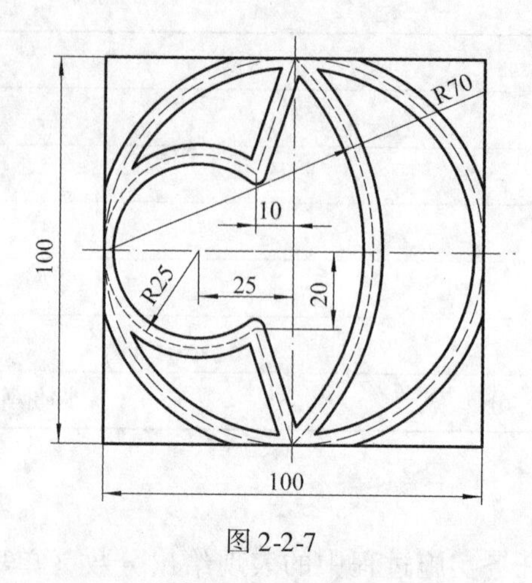

图 2-2-7

（2）用 ϕ1mm 键槽铣刀，沿轮廓线加工图 2-2-8 所示汽车图形，切深 1mm。

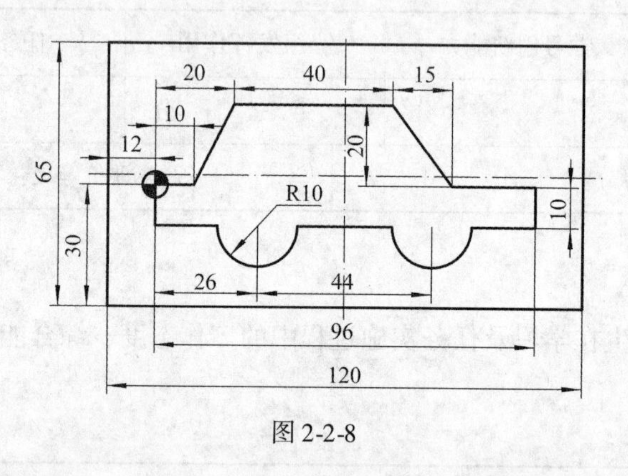

图 2-2-8

（3）用 ϕ6mm、ϕ8mm、ϕ10mm 键槽铣刀加工图 2-2-9 银行标识。

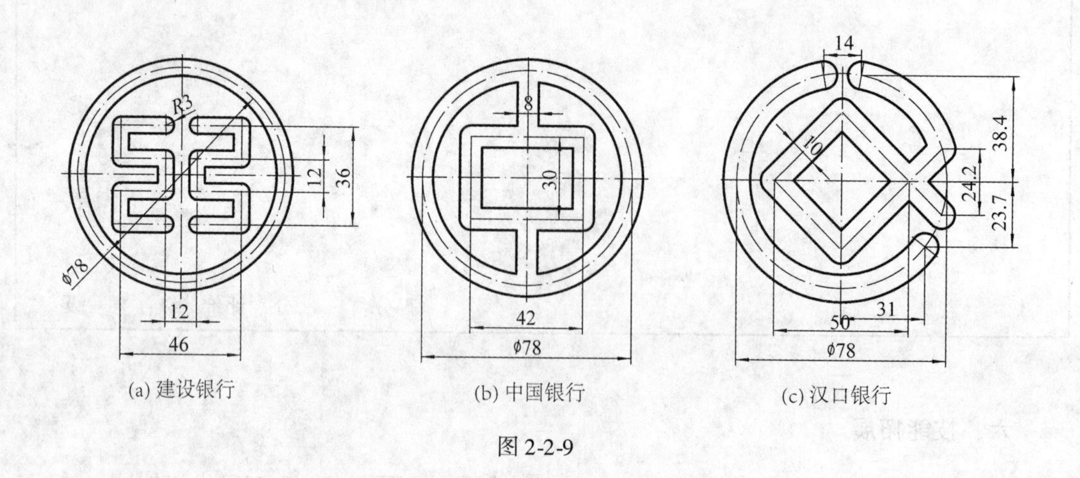

(a) 建设银行　　(b) 中国银行　　(c) 汉口银行

图 2-2-9

（4）用 ϕ1mm 键槽铣刀，沿轮廓线加工图 2-2-10 所示笑脸图形，切深 1mm。

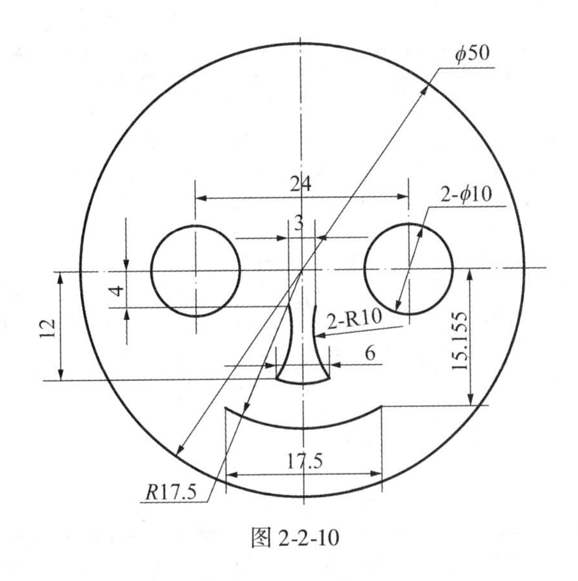

图 2-2-10

（5）用 ϕ1mm 或 ϕ2mm 键槽铣刀，沿轮廓线加工茶壶（图 2-2-11），切深 1mm；毛坯尺寸选择 140mm×90mm，工件坐标系原点建立在距底边 10mm 的中线处（表 2-2-2）。

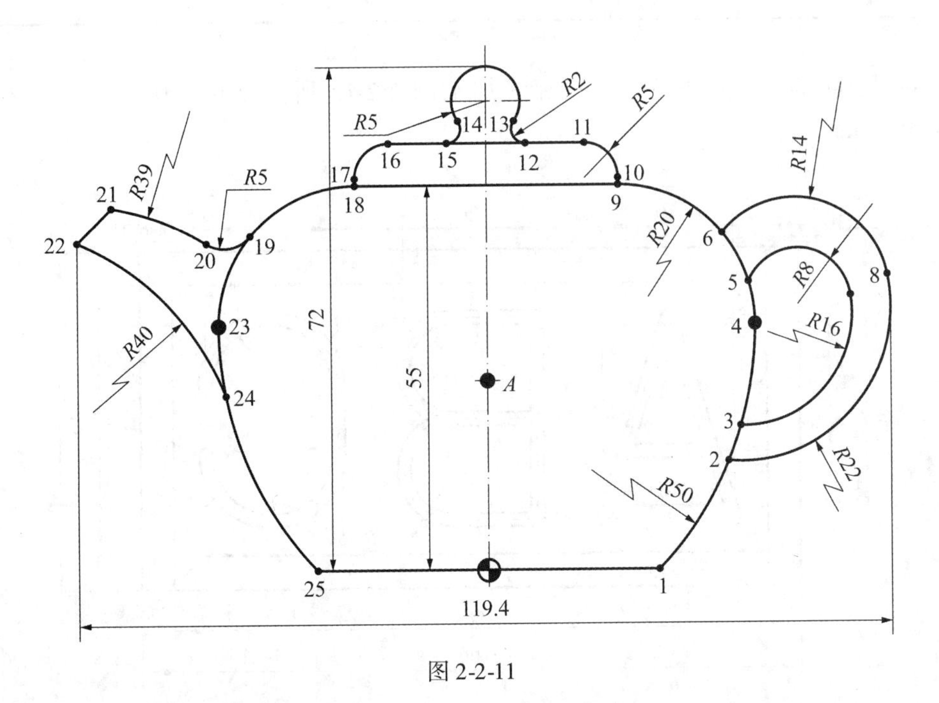

图 2-2-11

表2-2-2

点	1	2	3	4	5	6	7
X	25	35.3	37.1	39.3	38.4	34.5	53.6
Y	0	15.4	20.5	35	41	48	39
点	8	9	10	11	12	13	14
X	58.9	19.3	19.3	14.3	5.7	4.1	-4.1
Y	41.9	55	56	61	61	64.1	64.1
点	15	16	17	18	19	20	21
X	-5.7	-14.3	-19.3	-19.3	-34.6	-41	-55
Y	61	61	56	55	47.9	46.8	52
点	22	23	24	25	A		
X	-60	-39.3	-38.3	-25	0		
Y	47	35	25	0	27		

（6）用 ϕ1mm 键槽铣刀，沿轮廓线加工图2-2-12所示字母，切深1mm，网格为2.5mm×2.5mm。

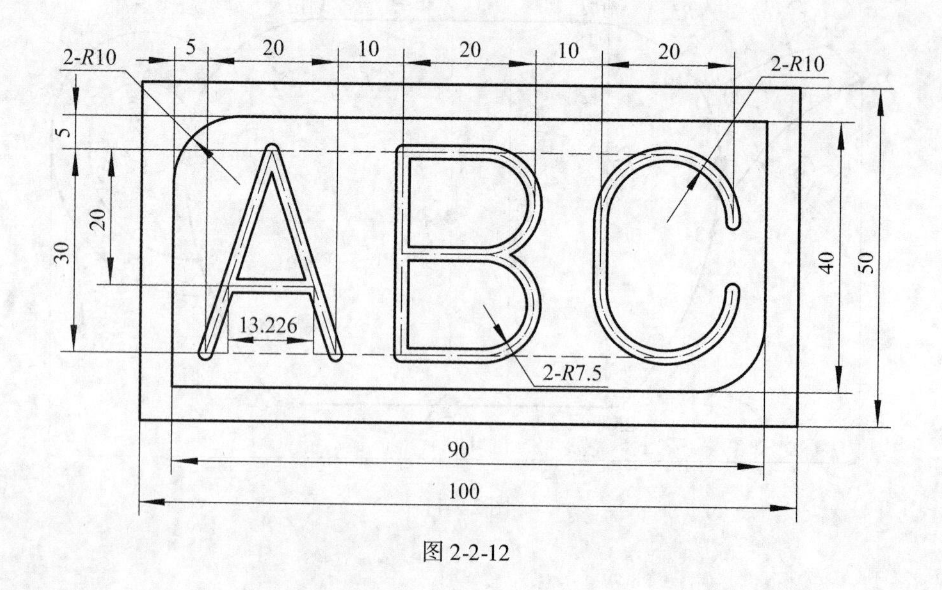

图2-2-12

（7）用 ϕ1mm 键槽铣刀，沿轮廓线加工如图 2-2-12 所示笑脸图形，切深 1mm。

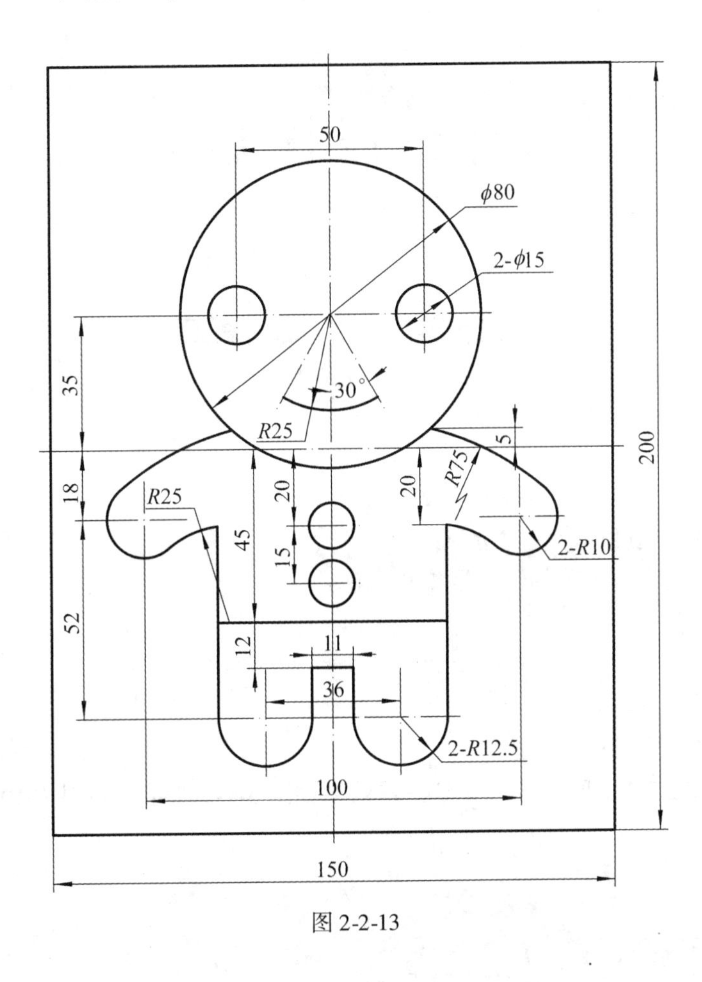

图 2-2-13

项目3 轮廓加工

任务3-1 平面加工

一、任务要求

(1) 了解长度单位米、英制尺寸设定指令；
(2) 掌握进给速度单位设定指令；
(3) 掌握平面铣削工艺的制定及编程方法。

二、能力目标

(1) 掌握平面铣削方法；
(2) 掌握平面质量控制方法；
(3) 完成如图3-1-1所示零件，其三维效果如图3-1-2所示，材料为PVC塑料块。

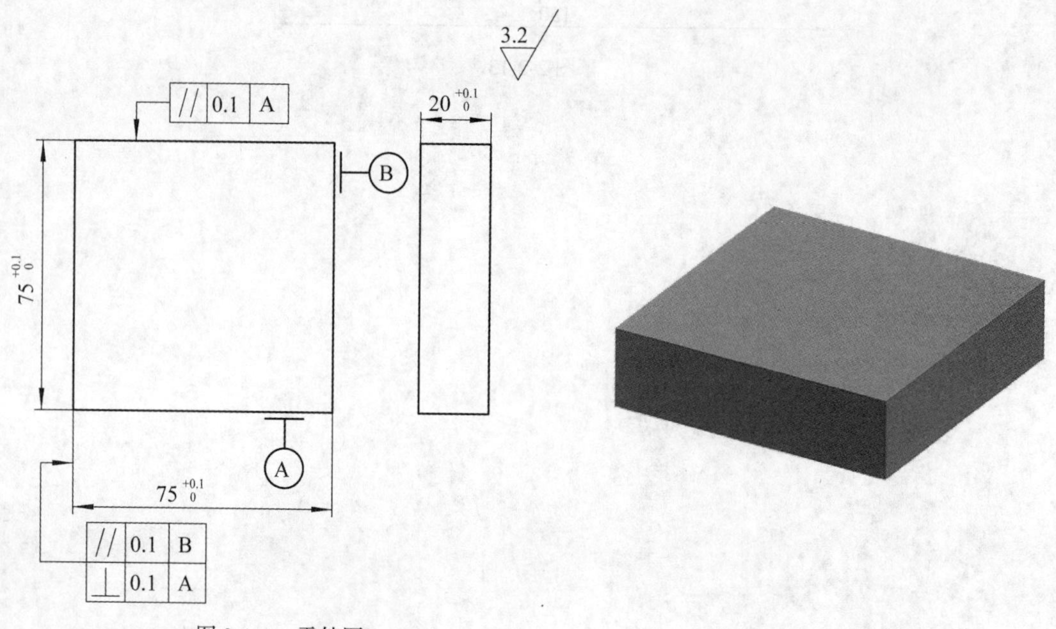

图3-1-1 零件图

图3-1-2 三维效果图

三、任务准备

(一) 米、英制尺寸设定指令

格式：G20

G21

说明：

G20：英制输入制式；

G21：公制输入制式。

G20、G21 为模态功能，可相互注销，G21 为缺省值。

两种制式下线性轴、旋转轴的尺寸单位如表 3-1-1 所示。

表 3-1-1　尺寸输入制式及其单位

制　式	线 性 轴	旋 转 轴
英制（G20）	英寸（in）	度（°）
公制（G21）	毫米（mm）	度（°）

(二) 进给速度单位的设定指令

格式：G94　[F_]

G95　[F_]

说明：

G94 为每分钟进给。对于线性轴，F 的单位依 G20/G21 的设定而为 mm/min 或 in/min；对于旋转轴，单位为度/min。

G95 为每转进给，即主轴每转一转刀具的进给量。F 的单位依 G20/G21 的设定而为 mm/r 或 in/r。这项功能只在主轴装有编码器时才能使用。

G94、G95 为模态功能，可以相互注销，G94 为缺省值。

中括号表示 F 指令可以在 G94、G95 程序段中指定，也可以在其他程序段中指定。

(三) 平面铣削刀具

平面铣削刀具如图 3-1-3 所示。

图 3-1-3　面铣刀

数控铣削大平面常用面铣刀加工。面铣刀主切削刃分布在圆柱或圆锥表面上，端面切削刃为副切削刃，铣刀的轴线垂直于被加工表面。按刀齿材料可以分为高速钢和硬质合金两大类，多制成套式镶齿结构，刀体材料为40Cr。

高速钢面铣刀按国家标准规定，直径 $d = 80 \sim 250$mm，螺旋角 $\beta = 10°$，刀齿数 $Z = 10 \sim 26$。

硬质合金面铣刀与高速钢铣刀相比较，铣削速度较高、加工表面质量也较好，并可以加工带有硬皮和淬硬层的工件，故得到广泛应用。硬质合金面铣刀按刀片和刀齿的安装方式不同，可以分为整体式、机夹一焊接式和可转位式三种。

面铣刀主要用在立式铣床或卧式铣床上加工台阶面和平面，特别适合较大平面的加工，主偏角为90°的面铣刀可以铣底部较宽的台阶面。用面铣刀加工平面，同时参加切削的刀齿较多，又有副切削刃的修光作用，使加工表面粗糙度值小，因此可以用较大的切削用量，生产率较高，应用广泛。

（四）平面铣削加工的内容及要求

平面铣削通常是把工件表面加工到某一高度且达到一定表面质量要求的加工。

分析平面铣削加工的内容应考虑：加工平面区域大小，加工面相对基准面的位置。分析平面铣削加工要求应考虑：加工平面的表面粗糙度要求，加工面相对基准面的定位尺寸精度，平行度，垂直度等要求。

如图3-1-4所示工件的上表面，区域大小为80mm×120mm矩形，距基准面40mm高度位置，并相对基准面 A 有0.08mm的平行度要求，形状公差0.04mm平面度要求，Ra3.2表面质量要求。

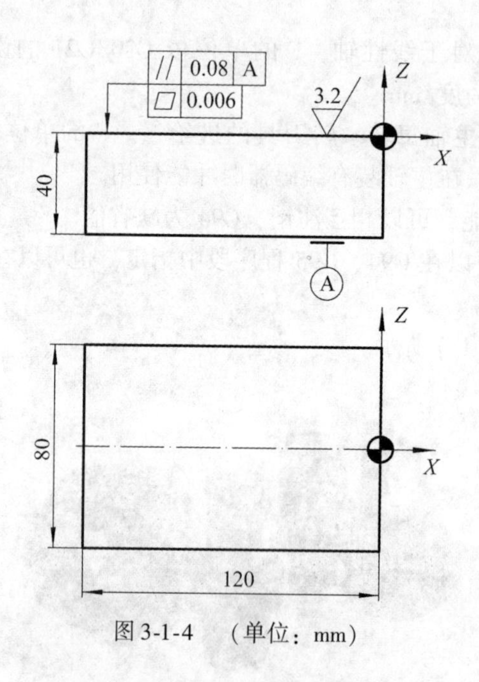

图3-1-4 （单位：mm）

平面铣削加工内容、要求的正确分析是进行平面铣削工艺设计的前提。

（五）顺铣与逆铣

顺铣与逆铣如图 3-1-5 所示。

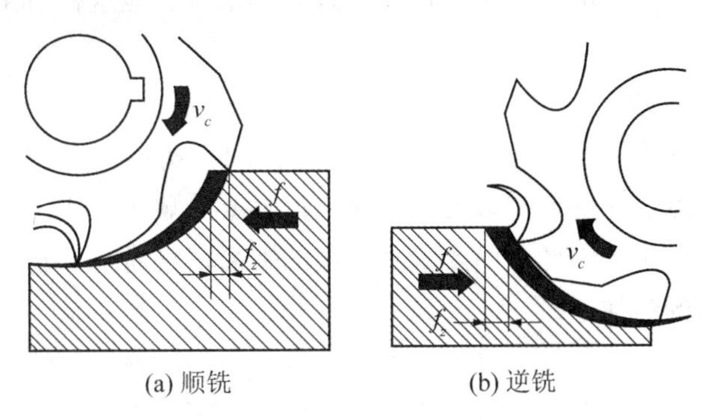

图 3-1-5

1. 顺铣与逆铣

铣加工时，铣刀的旋转方向与工件进给方向相同，就是顺铣；铣刀的旋转方向与工件的进给方向相反则为逆铣。

就面铣刀来说：

（1）如果切削宽度小于等于 50%，那么就看在铣刀正在切削工件的那一侧的旋转方向和工件相对于刀具的进给方向是否一致，则可以得到唯一的结论，要么是顺铣，要么是逆铣。

（2）如果切削宽度大于 50%，那么铣刀必定有一边是顺铣，有一边是逆铣，所占的比例不同罢了。

（3）如果是满刀切削（100% 切宽），那么，两边顺铣和逆铣各占 50%。

2. 顺铣和逆铣的选用

当工件表面无硬皮，机床进给机构无间隙时，应选用顺铣，按照顺铣安排进给路线。因为采用顺铣加工后，零件已加工表面质量好，刀齿磨损小。精铣时，尤其是零件材料为铝镁合金、钛合金或耐热合金时，应尽量采用顺铣。

当工件表面有硬皮，机床的进给机构有间隙时，应选用逆铣，按照逆铣安排进给路线。因为逆铣时，刀齿是从已加工表面切入，不会崩刀；机床进给机构的间隙不会引起振动和爬行。

（六）大平面铣削时的刀具路线

单次平面铣削的一般规则同样也适用于多次铣削。由于平面铣刀直径的限制而不能一次切除较大平面区域内的所有材料，因此在同一深度需要多次走刀。

铣削大面积工件平面时，分多次铣削的刀路有好几种，最为常见的方法为同一深度上的单向多次切削和双向多次切削。

1. 单向多次切削粗、精加工的路线设计

如图 3-1-6（a）、（b）为单向多次切削粗、精加工的路线设计。

单向多次切削时，切削起点在工件的同一侧，另一侧为终点的位置，每完成一次工作进给的切削后，刀具从工件上方快速点定位回到与切削起点在工件的同一侧，这是平面精铣削时常用的方法，但频繁的快速返回运动导致效率很低，但这种刀路能保证面铣刀的切削总是顺铣。

2. 双向来回 Z 形切削

双向来回切削也称为 Z 形切削如图 3-1-6（c）、(d）所示，显然该方法的效率比单向多次切削要高，但该方法在面铣刀改变方向时，刀具要从顺铣方式改为逆铣方式，从而在精铣平面时影响加工质量，因此平面质量要求高的平面精铣通常并不使用这种刀路，但该方法常用于平面铣削的粗加工。

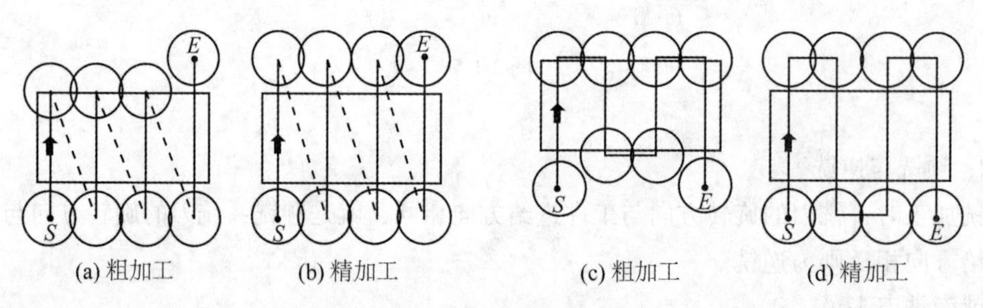

图 3-1-6 面铣的多次切削刀路

(七) 行距

行距 S（切削间距）——加工轨迹中相邻两行刀具轨迹之间的距离。

1. 影响

行距小：加工精度高，但加工时间长，费用高。

行距大：加工精度低，零件型面失真性较大，但加工时间短。

2. 两种方法定义行距

(1) 直接定义行距。算法简单、计算速度快，适用于粗加工、半精加工和形状比较平坦零件的精加工的刀具运动轨迹的生成。

(2) 用残留高度 h 来定义行距。

残留高度 h 是指被加工表面的法矢量方向上两相邻切削行之间残留沟纹的高度。

h 大：表面粗糙度值大。

h 小：可以提高加工精度，但程序长，占机时间成倍增加，效率降低。

3. 选取考虑

粗加工时，行距可以选大一些，精加工时选小一些。有时为减小刀峰高度，可以在原两行之间加密行切一次，即进行曲刀峰处理，这相当于将 S 减小一半，实际效果更好一些。

(八) 六个平面加工步骤

(1) 粗、精加工上表面；

(2) 粗、精加工下表面，控制厚度尺寸；

(3) 粗、精加工左（右）侧面；
(4) 粗、精加工右（左）侧面，控制长度尺寸；
(5) 粗、精加工前（后）侧面；
(6) 粗、精加工后（前）侧面，控制宽度尺寸。

四、任务方案

(1) 以 4～6 人组成学习小组为作业单元，完成项目任务实施内容。

机床号	作业者	学 号	组 号	小组其他成员

(2) 以小组讨论制定出任务实施方案。

五、任务实施（参考）

（一）加工工艺方案
(1) ϕ20mm 立铣刀，定位在 75mm×75mm 方台之外，高度 10mm。
(2) 下刀 1mm 加工 75mm×75mm 方台。
(3) 加工采用“蛇形”路径，进刀距离为刀具直径的 1/2。
(4) 加工完毕后抬刀 100mm。
（二）实施设施准备
(1) 设备型号：凯达 KDX-6V 数控铣床。
(2) 毛坯：75mm×75mm×20mm，PVC 塑料块。
(3) 工具、量具、刃具，见表 3-1-2。

表3-1-2　**工具、量具、刃具清单**

工具、量具、刃具清单				精度(mm)	单位	数量
种类	序号	名称	规格			
工具	1	精密平口钳	150mm	0.1	个	1
	2	平口钳扳手	同上	—	把	1
	3	胶头锤	—	—	把	1
	4	垫块	—	—	块	2
	5	毛刷	—	—	把	1
量具	1	三角尺	150mm	1	把	1
	2	游标卡尺	150mm	0.02	把	1
刃具	1	立铣刀	ϕ20 mm	—	个	1

（三）参考程序编制

```
%01
G54
M03 S800
G00 Z100
X-50 Y0
Z10
G01 Z-1F50
G01 X90 F500
Y10
X-15
Y20
X90
Y30
X-15
Y40
X90
Y50
X-15
Y60
X90
Y70
X-15
G00 Z100
X0 Y0
M05
M30
```

（四）零件加工步骤

（1）按顺序打开机床，并将机床回参考点；

（2）装好垫块，安装好零件，并用胶头锤将工件锤平夹紧；

（3）利用寻边器对 *X* 轴、*Y* 轴对刀；

（4）装上 ϕ20mm 立铣刀，*Z* 方向进行对刀，建立工件坐标系；

（5）锁住机床，校验程序；

（6）程序校验无误后，开始加工；

（7）加工完成后，按照图纸检查零件；

（8）检查无误后，清扫机床，关机。

六、任务总结评价

（一）自我评估

针对能力目标，对自己在任务实施过程中的表现给出分数（满分100分）以及A优秀、B良好、C合格、D不合格等级予以客观评价。

知识 与 能力		
问题 与 建议		
自我打分：　　分		评价等级：　　级

（二）小组评价

小组同学对该同学在任务实施过程中的表现给出分数（单项0～20分）及等级予以客观、合理评价。

独立工作能力	学习创新能力	小组发挥作用	任务完成	其他
分	分	分	分	分
五项总计得分：　　分		评价等级：　　级		

（三）教师评价

指导教师根据学生在学习及任务实施过程中的工作态度、综合能力、任务完成情况予以评价。

得分：　　分，评价等级：　　级

任务3-2　平面外轮廓加工

一、任务要求

（1）掌握刀具半径补偿指令及应用；
（2）掌握平面轮廓刀具切入、切出路径；
（3）掌握平面外轮廓加工工艺的制定方法。

二、能力目标

（1）掌握平面外轮廓加工方法及尺寸控制；
（2）会解决平面外轮廓多余材料的处理方法；
（3）完成如图3-2-1所示零件，其三维效果如图3-2-2所示，材料采用PVC塑料块。

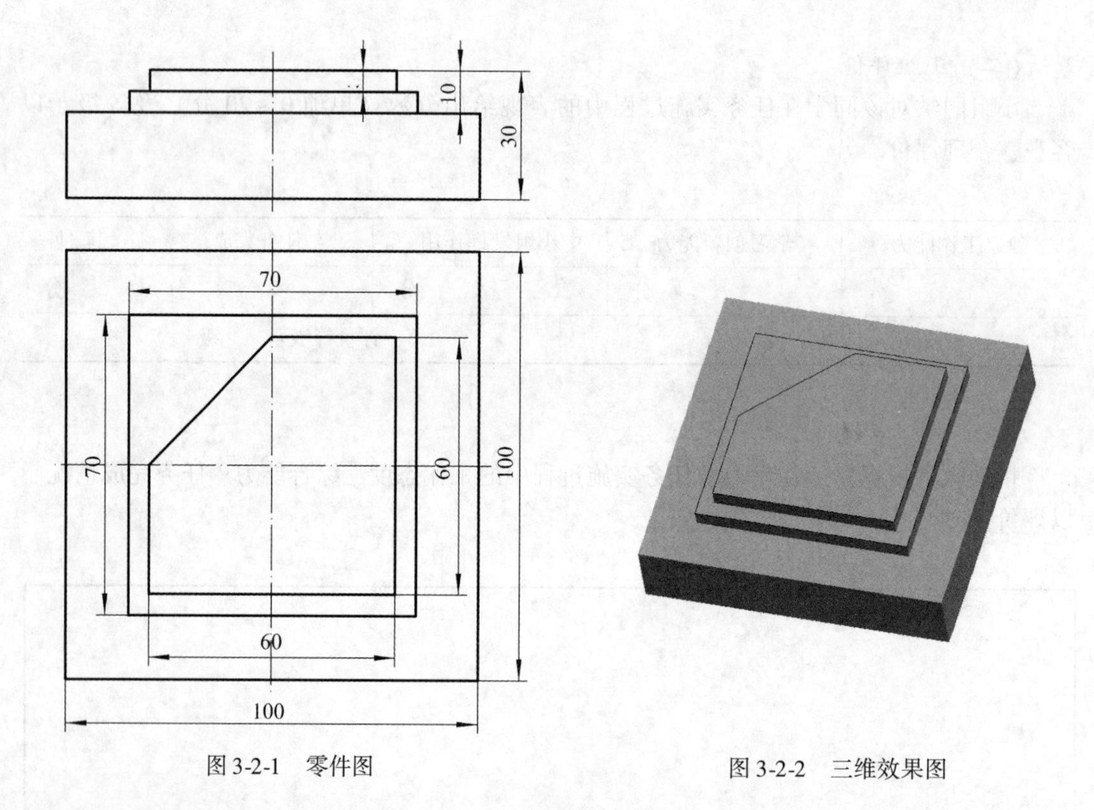

图3-2-1　零件图　　　　图3-2-2　三维效果图

三、任务准备

（一）刀具半径补偿的概念与作用

（1）简化编程。编程时，使刀具的刀位点与编程轨迹重合，机床自动根据指定的刀具半径和方向进行偏移，加工出正确的轮廓。在编制轮廓切削加工的场合，一般以工件的轮廓尺寸为编程轨迹，这样编制加工程序比较简单，即假设刀具中心运动轨迹是沿工件轮廓运动的，而实际的刀具运动轨迹要与工件轮廓有一个偏移量（刀具半径）。利用刀具半径补偿功能可以方便地实现这一转变，简化程序的编制，机床可以自动判别补偿的方向和补偿值的大小，自动计算出实际刀具中心轨迹，并按刀心轨迹运动。

（2）改变刀具半径补偿值，可以方便地进行粗、精加工。如图 3-2-3 所示。

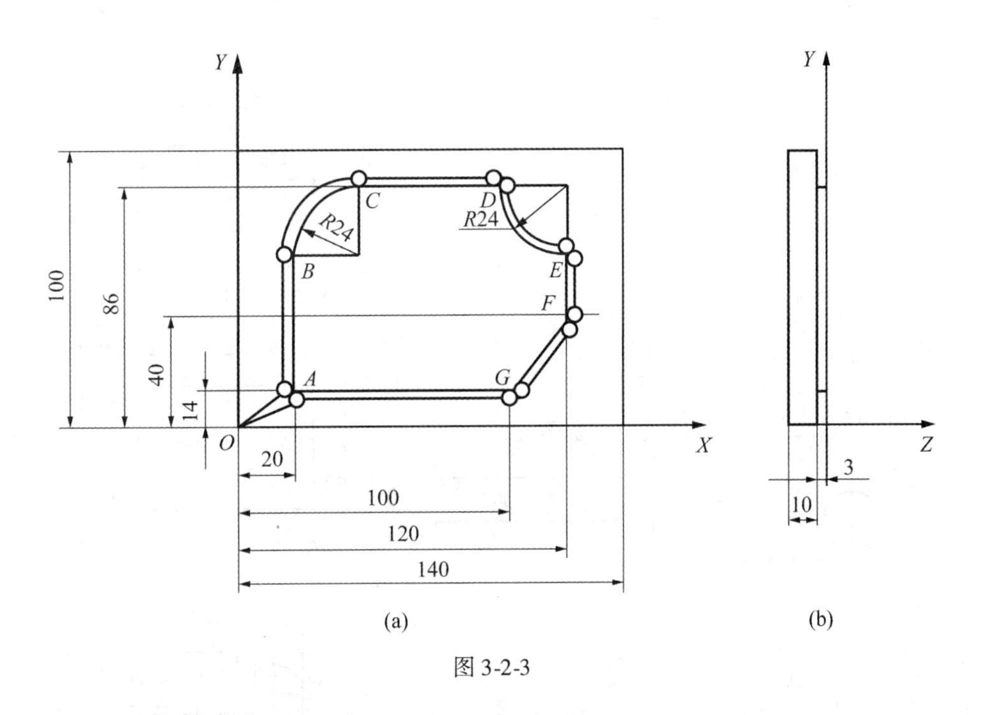

图 3-2-3

（二）刀具半径补偿指令格式

格式：

G41 G01/G00 X_ Y_ D_ F_　　（刀具半径左补偿）

G42 G01/G00 X_ Y_ D_ F_　　（刀具半径右补偿）

G40 G00 X_ Y_　　（刀具半径补偿取消）

说明：

G41 左补偿指令是沿着刀具前进的方向观察，刀具在工件轮廓的左边。

G42 右补偿指令是沿着刀具前进的方向观察，刀具在工件轮廓的右边。

G41、G42 为续效指令，建立和取消半径补偿需与 G01 或 G00 指令配合使用。如图 3-2-4 ~ 图3-2-6所示。

D 值用于指定刀具偏置存储器号。一般地，在偏置存储器中最多可以设定 200 个偏置值（其中包括刀具长度补偿）。D00 所对应的偏置量总是为零。

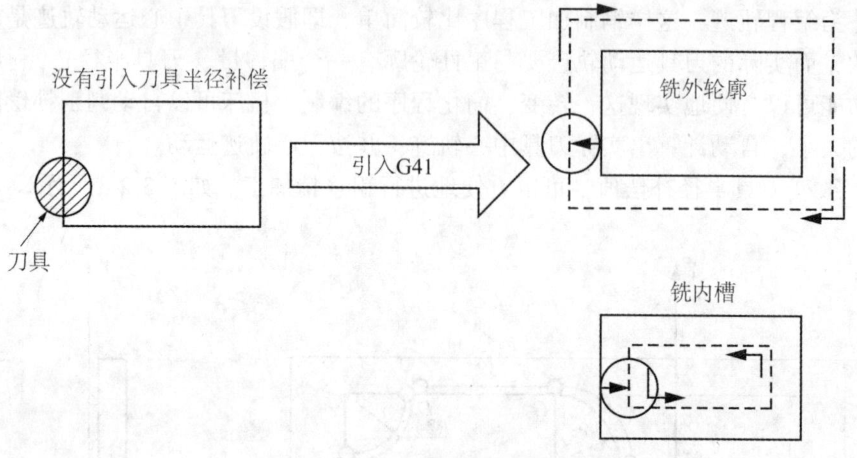

图 3-2-4 G41 的判定与选择

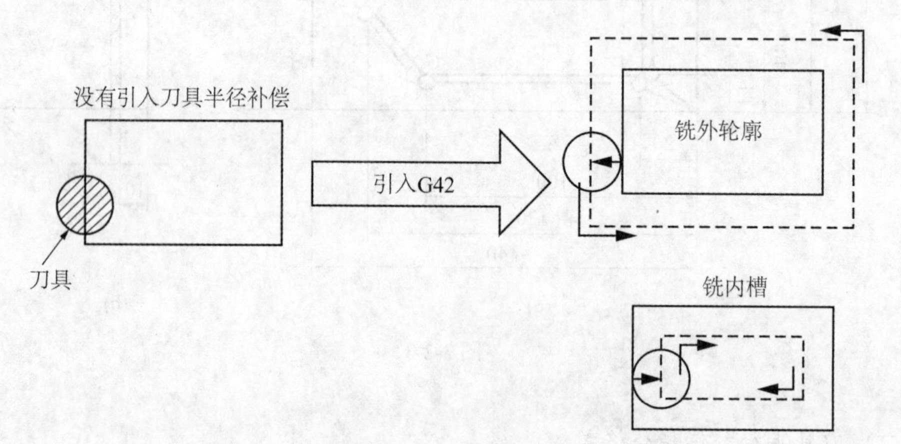

图 3-2-5 G42 的判定与选择

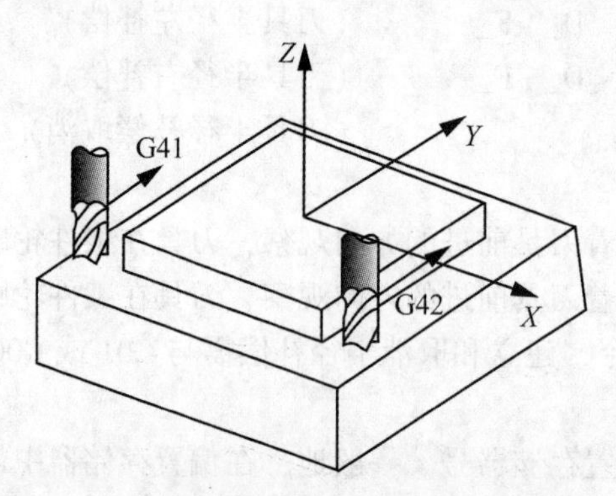

图 3-2-6 铣削加工 G41、G42 的方向判断

（三）刀具半径补偿过程（图3-2-7）

%0003

……

N10 G41 G01 X40 Y40 D01 F100 刀补建立

N20 Y80
N30 X80
N40 Y40
N50 X40
（N20～N50）刀补进行

N60 G40 G00 X0 Y0 刀补取消

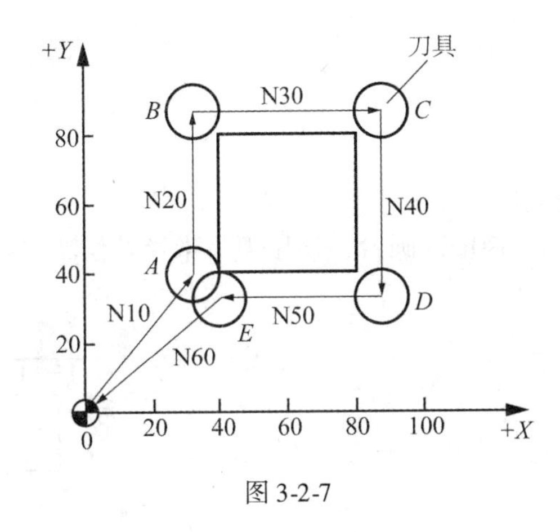

图3-2-7

（四）刀具半径补偿注意事项

（1）刀具半径补偿的建立与取消只能在G00或G01移动指令模式下有效。虽然有部分系统也支持G02、G03模式，但为防止出错，在半径补偿建立和取消程序段最好不使用G02、G03指令。

（2）在刀具补偿模式下，一般不允许存在连续两段以上的非移动指令，或者非补偿平面内的移动指令。

非移动指令：只包含G、M、S、F、T代码，如G90、M05、G04 X10.0等。

非补偿平面内的移动指令：如G17平面加工中Z轴移动指令。

（3）要注意刀具半径补偿加工中的过切和欠切现象。

（五）铣削外轮廓进给路线

（1）铣削平面零件外轮廓时，一般采用立铣刀侧刃切削。刀具切入工件时，应避免沿零件外轮廓的法向切入，而应沿切削起始点的延伸线逐渐切入工件，保证零件曲线的平滑过渡。在切离工件时，也应避免在切削终点处直接抬刀，要沿着切削终点延伸线逐渐切离工件。

（2）若采用圆弧插补方式铣削外整圆，要安排刀具从切向进入圆周铣削加工，整圆加工完毕后，不要在切点处直接退刀，而应让刀具沿切线方向多运动一段距离，以免取消刀补时，刀具与工件表面相碰，造成工件报废。如图 3-2-8 所示。

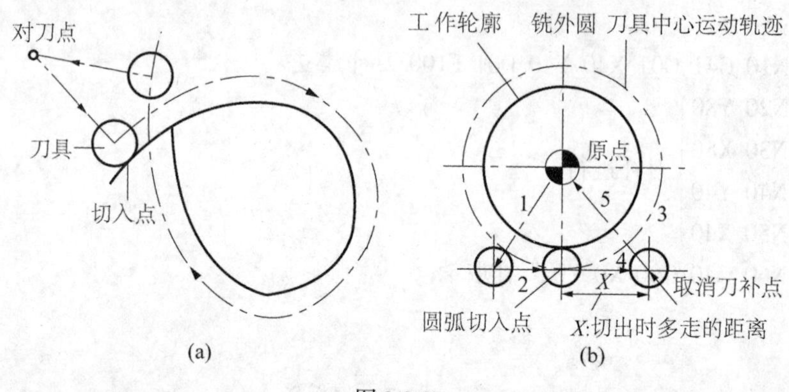

图 3-2-8

（六）编程范例（图 3-2-9）

用 ϕ12mm 立铣刀加工 ϕ80mm 圆台，试用刀具半径补偿功能编程。

程序如下：

```
%38
G54
M03 S800
G00 Z100
X0 Y-65
Z10
G01 Z-10 F100
G41 Y-40 D01 F500
G02 J40
G40 G01 Y-65
G00 Z100
M30
```

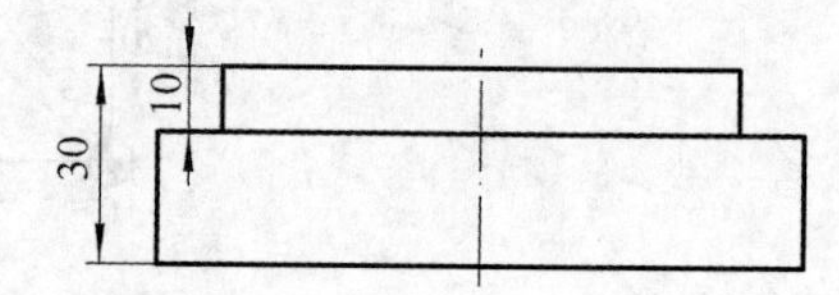

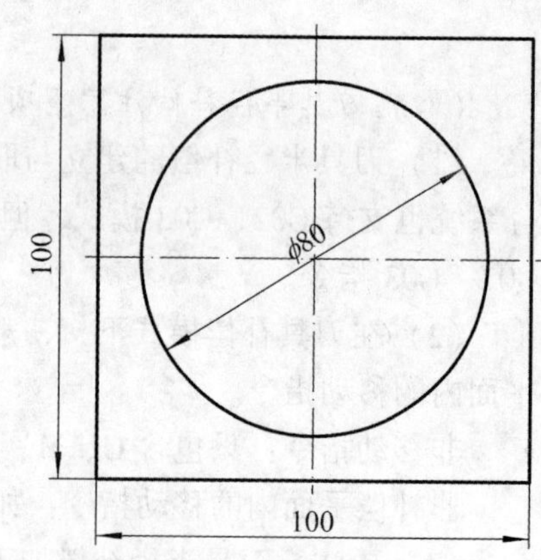

图 3-2-9 （单位：mm）

四、任务方案

（1）以 4 ~6 人组成学习小组为作业单元，完成项目任务实施内容。

机床号	作业者	学 号	组 号	小组其他成员

（2）小组讨论制定出任务实施方案。

五、任务实施（参考）

（一）加工工艺方案

（1）刀具定位在 100mm×100mm 方台之外。

（2）每次下刀 5mm 加工 70mm×70mm 方台，深度 10mm。

（3）抬刀 5mm，加工 60mm×60mm 方台。

（4）加工完毕后抬刀。

（二）实施设施准备

（1）设备型号：凯达 KDX-6V 数控铣床。

（2）毛坯：100mm×100mm×30mm，材料为 PVC 塑料块。

（3）工具、量具、刃具，见表 3-2-1。

表 3-2-1 **工具、量具、刃具清单**

工具、量具、刃具清单				精度（mm）	单位	数量
种类	序号	名称	规格			
工具	1	精密平口钳	150mm	0. 1	个	1
	2	平口钳扳手	同上	—	把	1
	3	胶头锤	—	—	把	1
	4	垫块	—	—	块	2
	5	毛刷	—	—	把	1
量具	1	三角尺	150mm	1	把	1
	2	游标卡尺	150mm	0. 02	把	1
刃具	1	立铣刀	ϕ20 mm	—	个	1

（三）参考程序编制

```
%01
G54
M03 S800
G00 Z100
X-80 Y-80
Z10
G01 Z-5 F50
G01 G42 X-35 Y-35 F500
X35
Y35
X-35
Y-80
X-80
Z-10
X-80 Y-80
Z10
G01 Z-10 F50
G01 X-35 Y-35 F500
X35
Y35
X-35
Y-80
X-80
G01 Z-5 F50
X-30 Y-30 F500
X30
Y30
X0
X-30 Y0
G00 Z100
G40 X0 Y0
M05
M30
```

（四）零件加工步骤

（1）按顺序打开机床，并将机床回参考点。

（2）装好垫块，安装好零件，并用胶头锤将工件锤平夹紧。

（3）利用寻边器对 *X* 轴、*Y* 轴对刀。

（4）装上 ϕ20mm 立铣刀，*Z* 方向进行对刀，建立工件坐标系。

（5）锁住机床，校验程序。

(6) 程序校验无误后，开始加工。
(7) 加工完成后，按照图纸检查零件。
(8) 检查无误后，清扫机床，关机。

六、任务总结评价

(一) 自我评估

针对能力目标，对自己在任务实施过程中的表现给出分数（满分 100 分）以及 A 优秀、B 良好、C 合格、D 不合格等级予以客观评价。

知识与能力	
问题与建议	
自我打分：　　分	评价等级：　　级

(二) 小组评价

小组同学对该同学在任务实施过程中的表现给出分数（单项 0 ~ 20 分）及等级予以客观、合理评价。

独立工作能力	学习创新能力	小组发挥作用	任务完成	其 他
分	分	分	分	分
五项总计得分：　　分		评价等级：　　级		

(三) 教师评价

指导教师根据学生在学习及任务实施过程中的工作态度、综合能力、任务完成情况予以评价：

得分：　　分，评价等级：　　级

（四）任务综合评价

姓 名		小组	指导教师				班
							年 月 日
项目	评价标准		评价依据	自 评	小组评	老师评	小计分
专业能力	1. 切削加工工艺制定正确，切削用量选择合理 2. 程序正确、简单、规范 3. 刀具选择及安装正确、规范 4. 工件找正及安装正确、规范 5. 工件加工完整、正确 6. 有独立的工作能力和创新意识		1. 操作准确、规范 2. 工作任务完成的程度及质量 3. 独立工作能力 4. 解决问题能力	0～25分	0～25分	0～50分	（自评+组评+师评）×0.6
				权重0.6			
职业素养	1. 遵守规章制度、劳动纪律 2. 积极参加团队作业，有良好的协作精神 3. 能综合运用知识，有较强学习能力和信息分析能力 4. 自觉遵守6S要求		1. 遵守纪律 2. 工作态度 3. 团队协作精神 4. 学习能力 5. 6S要求	0～25分	0～25分	0～50分	（自评+组评+师评）×0.4
				权重0.4			
评价	A（优 秀）：100～90分 B（良 好）：89～70分 C（合 格）：69～60分 D（不合格）：59分及以下		能力+素养总计得分				分
			等 级				级

任务3-3 平面内轮廓加工

一、任务要求

掌握平面内轮廓加工进给路线的制定方法。

二、能力目标

（1）会用CAD软件查找基点坐标；
（2）掌握平面内轮廓加工方法；

（3）完成如图 3-3-1 所示零件，其三维效果如图 3-3-2 所示，材料为 PVC 塑料块。

5
25
187.3
65
77.3
R50
R20
130

图 3-3-1　零件图（单位：mm）

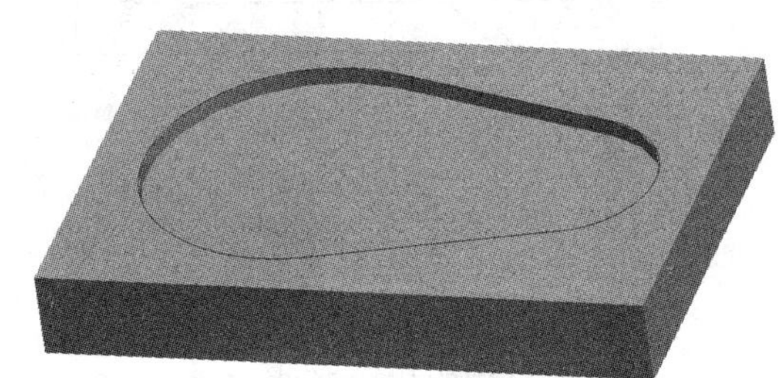

图 3-3-2　三维效果图

三、任务准备

（一）铣削内轮廓进给路线

（1）铣削封闭的内轮廓表面，若内轮廓曲线不允许外延，刀具只能沿内轮廓曲线的法向切入、切出，此时刀具的切入、切出点应尽量选在内轮廓曲线两几何元素的交点处。若内部几何元素相切无交点，为防止刀补取消时在轮廓拐角处留下凹口，刀具切入、切出点应远离拐角。

（2）若采用圆弧插补铣削内圆弧，也要遵循从切向切入、切出的原则，最好安排从圆弧过渡到圆弧的加工路线，以提高内孔表面的加工精度和质量。如图 3-3-3、图 3-3-4 所示。

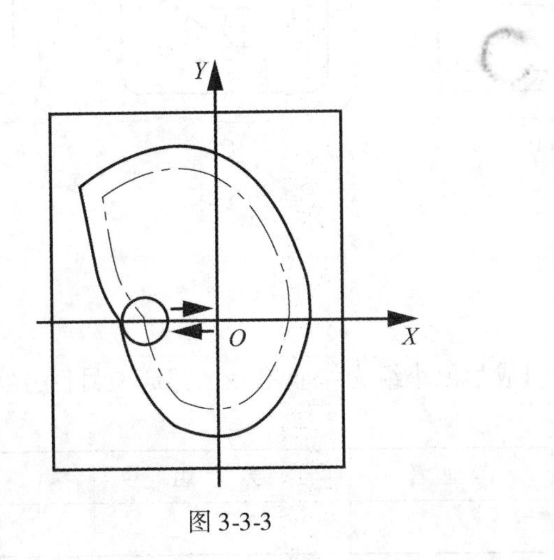

图 3-3-3

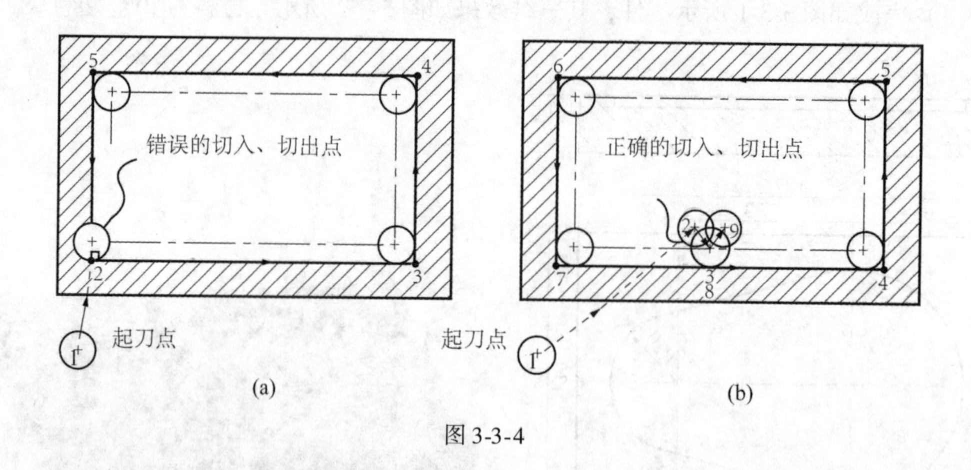

图 3-3-4

（二）铣削内槽的进给路线

所谓内槽是指以封闭曲线为边界的平底凹槽。一律用平底立铣刀加工，刀具圆角半径应符合内槽的图纸要求。如图 3-3-5 所示为加工内槽的三种进给路线。分别为用行切法和环切法加工内槽。两种进给路线的共同点是都能切净内腔中的全部面积，不留死角，不伤轮廓，同时尽量减少重复进给的搭接量。不同点是行切法的进给路线比环切法短，但行切法将在每两次进给的起点与终点之间留下残留面积，而达不到所要求的表面粗糙度；用环切法获得的表面粗糙度要好于行切法，但环切法需要逐次向外扩展轮廓线，刀位点计算稍微复杂一些。采用图 3-3-5（c）所示的进给路线，即先用行切法切去中间部分余量，最后用环切法环切一刀光整轮廓表面，既能使总的进给路线较短，又能获得较好的表面粗糙度。

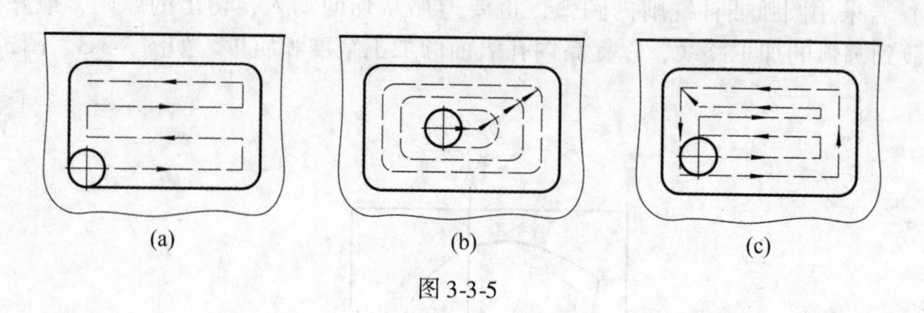

图 3-3-5

四、任务方案

（1）以 4 ~ 6 人组成学习小组为作业单元，完成项目任务实施内容。

机床号	作业者	学　号	组　号	小组其他成员

（2）小组讨论制定出任务实施方案。

五、任务实施

（一）加工工艺方案

（1）刀具定位在型腔内（0，0）上方 10mm。

（2）刀具下刀 5mm，加工内型腔形状。

（3）加工完成后根据残留余量，修改刀补再次加工，直至内型腔内无残留余量。

（4）加工完毕后抬刀。

（二）实施设施准备

（1）设备型号：凯达 KDX-6V 数控铣床。

（2）毛坯：187. 3mm×130mm×25mm，材料为 PVC 塑料块。

（3）工具、量具、刃具，见表 3-3-1。

表 3-3-1　**工具、量具、刃具清单**

工具、量具、刃具清单				精度(mm)	单位	数量
种类	序号	名称	规格			
工具	1	精密平口钳	200mm	0. 1	个	1
	2	平口钳扳手	同上	—	把	1
	3	胶头锤	—	—	把	1
	4	垫块	—	—	块	2
	5	毛刷	—	—	把	1
量具	1	三角尺	200mm	1	把	1
	2	游标卡尺	200mm	0. 02	把	1
刃具	1	立铣刀	ϕ20 mm	—	个	1

（三）参考程序编制

```
%01
G54
M03 S800
G00 Z100
X0 Y0
Z10
G01 Z-5 F50
G01 G42 X107.3 Y0 F500
G03 X77.3 Y-30 R30
G01 X0 Y-50
G03 X0 Y50 R-50
G01 X77.3 Y30
G03 X77.3 Y-30 R-30
G01 Y0
G00 Z100
G40 X0 Y0
M05
M30
```

（四）零件加工步骤

（1）按顺序打开机床，并将机床回参考点。

（2）装好垫块，安装好零件，并用胶头锤将工件锤平夹紧。

（3）利用寻边器对 X 轴、Y 轴对刀。

（4）装上 ϕ20mm 立铣刀，Z 方向进行对刀，建立工件坐标系。

（5）锁住机床，校验程序。

（6）程序校验无误后，开始加工。

（7）加工完成后，按照图纸检查零件。

（8）检查无误后，清扫机床，关机。

六、任务总结评价

（一）自我评估

针对能力目标，对自己在任务实施过程中的表现给出分数（满分 100 分）以及 A 优秀、B 良好、C 合格、D 不合格等级予以客观评价。

知识 与 能力	
问题 与 建议	
自我打分： 分	评价等级： 级

（二）小组评价

小组同学对该同学在任务实施过程中的表现给出分数（单项 0 ~ 20 分）及等级予以客观、合理评价。

独立工作能力	学习创新能力	小组发挥作用	任务完成	其 他
分	分	分	分	分
五项总计得分： 分		评价等级： 级		

（三）教师评价

指导教师根据学生在学习及任务实施过程中的工作态度、综合能力、任务完成情况予以评价。

得分： 分，评价等级： 级

（四）任务综合评价

<table>
<tr><td colspan="2">姓 名</td><td>小组</td><td colspan="2">指导教师</td><td colspan="4">班</td></tr>
<tr><td colspan="2"></td><td></td><td colspan="2"></td><td colspan="4">年 月 日</td></tr>
<tr><td>项目</td><td colspan="2">评价标准</td><td colspan="2">评价依据</td><td>自 评</td><td>小组评</td><td>老师评</td><td>小计分</td></tr>
<tr><td rowspan="3">专业能力</td><td colspan="2" rowspan="3">1. 切削加工工艺制定正确，切削用量选择合理
2. 程序正确、简单、规范
3. 刀具选择及安装正确、规范
4. 工件找正及安装正确、规范
5. 工件加工完整、正确
6. 有独立的工作能力和创新意识</td><td colspan="2" rowspan="3">1. 操作准确、规范
2. 工作任务完成的程度及质量
3. 独立工作能力
4. 解决问题能力</td><td>0～25分</td><td>0～25分</td><td>0～50分</td><td rowspan="3">（自评+组评+师评）×0.6</td></tr>
<tr><td></td><td></td><td></td></tr>
<tr><td colspan="3">权 重 0.6</td></tr>
<tr><td rowspan="3">职业素养</td><td colspan="2" rowspan="3">1. 遵守规章制度、劳动纪律
2. 积极参加团队作业，有良好的协作精神
3. 能综合运用知识，有较强学习能力和信息分析能力
4. 自觉遵守6S要求</td><td colspan="2" rowspan="3">1. 遵守纪律
2. 工作态度
3. 团队协作精神
4. 学习能力
5. 6S要求</td><td>0～25分</td><td>0～25分</td><td>0～50分</td><td rowspan="3">（自评+组评+师评）×0.4</td></tr>
<tr><td></td><td></td><td></td></tr>
<tr><td colspan="3">权 重 0.4</td></tr>
<tr><td rowspan="2">评价</td><td colspan="3" rowspan="2">A（优 秀）：100～90分
B（良 好）：89～70分
C（合 格）：69～60分
D（不合格）：59分及以下</td><td colspan="2">能力+素养
总计得分</td><td colspan="3">分</td></tr>
<tr><td colspan="2">等 级</td><td colspan="3">级</td></tr>
</table>

七、技能拓展

（1）已知毛坯尺寸为50mm×50mm×12mm，材料为45钢，试编制图3-3-6所示零件程序并加工。

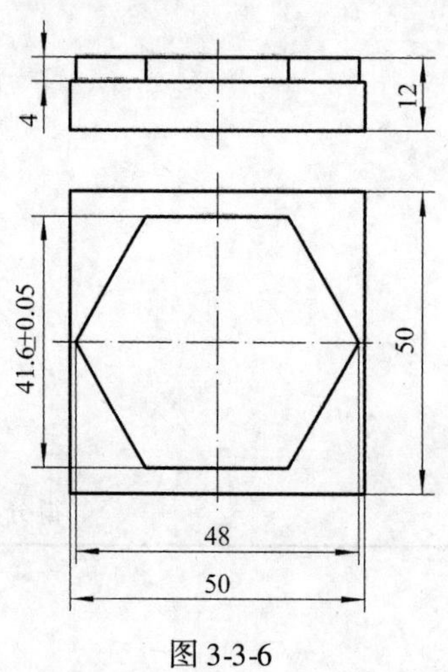

图3-3-6

（2）已知毛坯尺寸为 55mm×55mm×15mm，材料为 45 钢，试编制图 3-3-7 所示零件程序并加工。

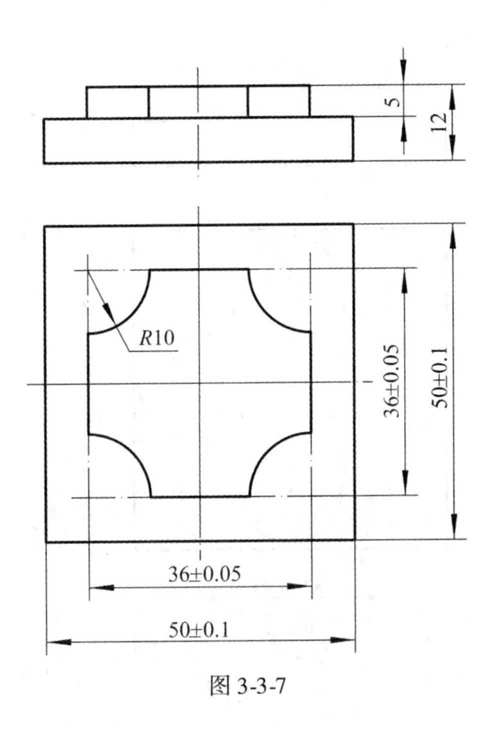

图 3-3-7

（3）已知毛坯尺寸为 40mm×40mm×12mm，材料为 45 钢，试编制图 3-3-8 所示零件程序并加工。

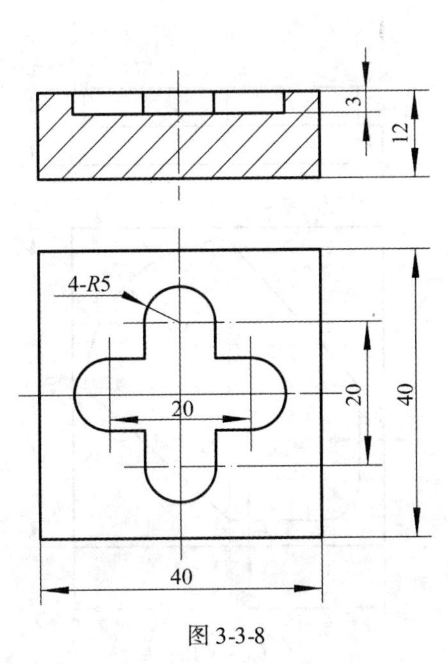

图 3-3-8

（4）已知毛坯尺寸为55mm×55mm×12mm，材料为45钢，试编制图3-3-9所示零件程序并加工。

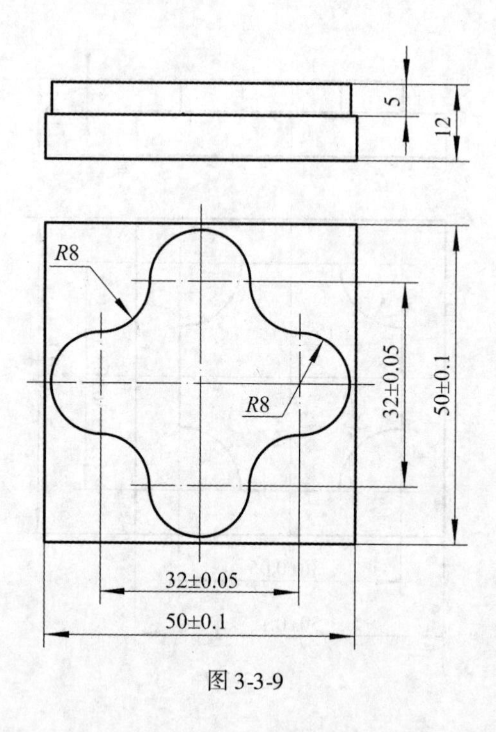

图3-3-9

（5）已知毛坯尺寸为50mm×50mm×12mm，材料为45钢，试编制图3-3-10所示零件程序并加工。

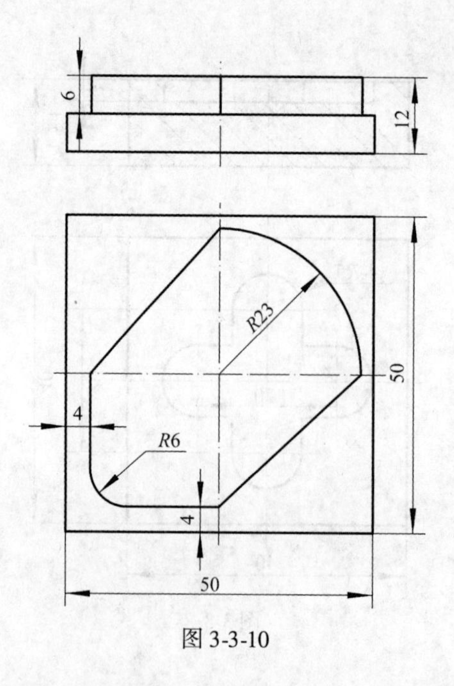

图3-3-10

（6）已知毛坯尺寸为 130mm×100mm×30mm，材料为 45 钢，试编制图 3-3-11 所示零件程序并加工。

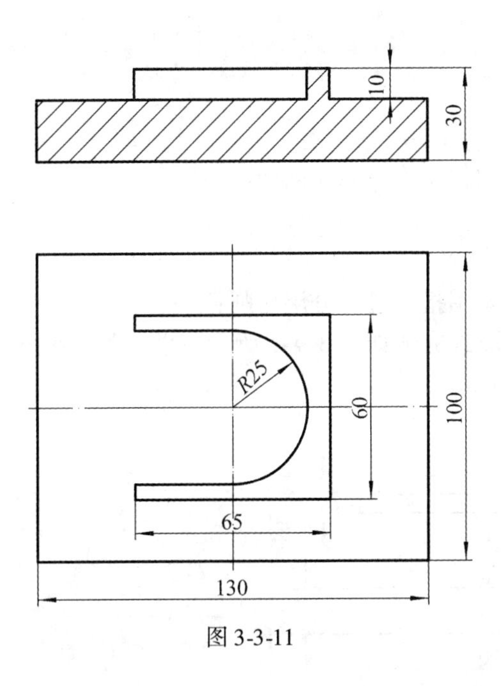

图 3-3-11

（7）已知毛坯尺寸为 90mm×60mm×8mm，材料为 45 钢，试编制图 3-3-12 所示零件程序并加工。

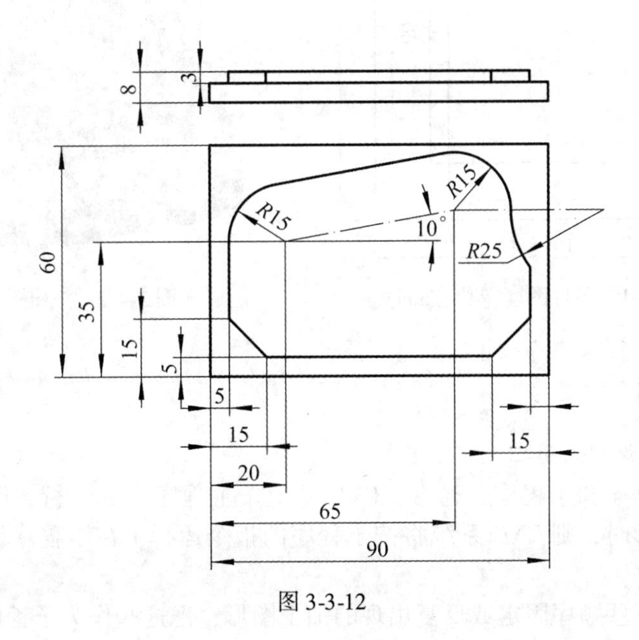

图 3-3-12

任务3-4　平面外轮廓分层加工

一、任务要求

（1）掌握子程序调用指令格式；

（2）掌握子程序调用指令在轮廓切削中的应用。

二、能力目标

（1）会利用子程序调用指令进行分层切削；

（2）采用分层切削方式完成如图3-4-1所示零件，其三维效果如图3-4-2所示，材料为PVC塑料块，层高1mm。

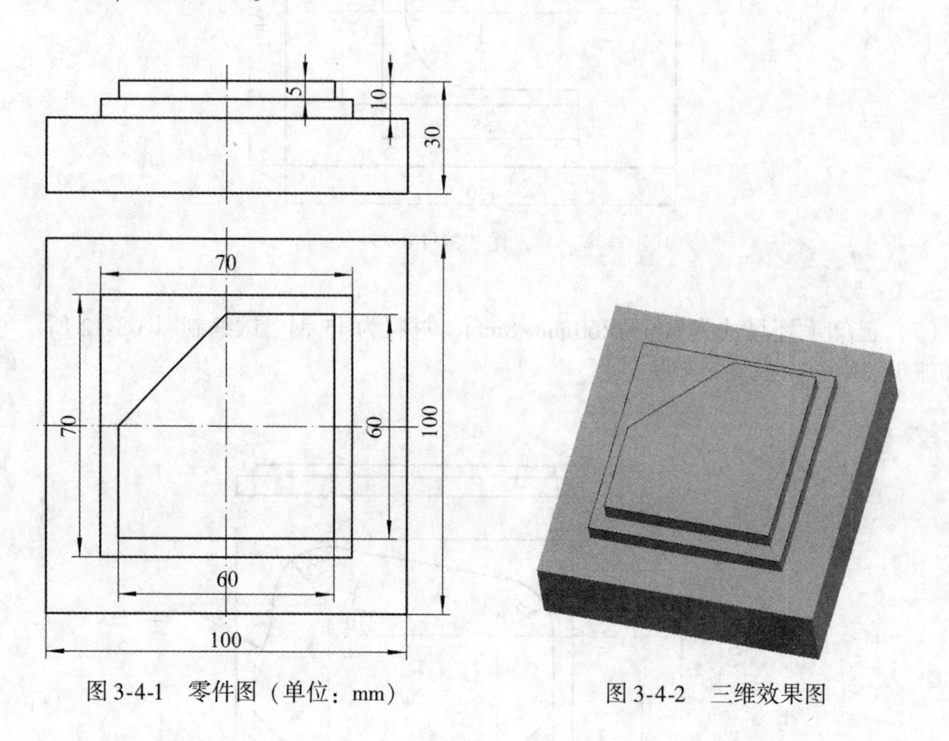

图3-4-1　零件图（单位：mm）　　图3-4-2　三维效果图

三、任务准备

（一）子程序调用及返回

程序分为主程序和子程序，通常，CNC系统按主程序指令运行，但在主程序中遇见调用子程序的情形时，则CNC系统将按子程序的指令运行，在子程序调用结束后，控制权重新交给主程序。

在程序中有一些顺序固定或反复出现的加工图形，把这些作为子程序，预先写入到存储器中，可以大大简化程序。

M98用来调用子程序。M99表示子程序结束，执行M99指令使控制返回到主程序。

（1）子程序的格式如下：

% * * * *

⋮

M99

在子程序开头，必须规定子程序号，作为调用入口地址。在子程序的结尾用指令M99，为一单独程序段，以控制执行完成该子程序后返回主程序。

（2）调用子程序的格式如下：

M98　P_　L_

P：被调用的子程序号；

L：重复调用次数。

子程序调用次数的默认值为1。例如：M98　P1025　L3，表示%1025号子程序被连续调用3次。

注：①子程序和主程序必须在同一个文件中；

②子程序名和主程序名不能相同；

③M98，M99信号不输出到机床处；

④当找不到P地址指定的子程序号时报警；

⑤在MDI下使用M98 P_ 调用指定的子程序是无效的。

（二）应用一：同一平面，相同形状的子程序调用

同一平面，相同形状的工件，每个相同形状的加工深度一致，相同形状中的相同点的位置关系也一致，则可以在子程序中用绝对值表示加工深度，用增量坐标表示走刀路径，主程序用以控制刀具移动到每个相同形状的相同起点位置。

【例】如图3-4-3所示，零件上有4个形状、尺寸相同的方槽，槽深2mm，槽宽10mm，试用子程序编程。

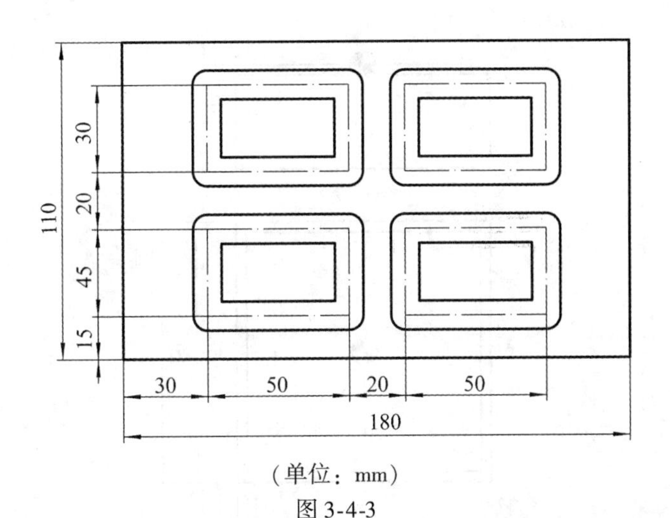

（单位：mm）

图3-4-3

以工件左下角为工件原点时：

主程序：

```
%51
G54 G90
M03 S800
G00 Z100
X30 Y15
Z5
M98 P1
G00 X100 Y15
M98 P1
G00 X100 Y65
M98 P1
G00 X30 Y65
M98 P1
G00 Z100
M30
```

子程序：

```
%1
G90 G01 Z-2 F100
G91 Y30 F500
X50
Y-30
X-50
G90 Z5
M99
```

（三）应用二：分层切削加工

零件加工深度过大时，不宜一次按总深度进行切削加工，应逐层切到总的加工深度。每层增加深度相同，走刀路径的绝对坐标一致，则可以在子程序中以增量方式表示每层下刀深度，绝对坐标表示每层走刀路径，以简化编程。

【例】如图3-4-4所示，利用子程序调用及刀具半径补偿功能编写加工程序，每层切深1mm，毛坯：250mm×250mm×100mm，刀具：ϕ20mm平底刀。

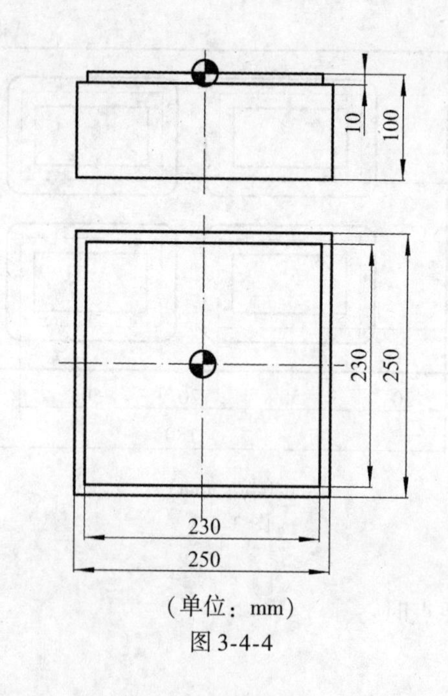

（单位：mm）

图3-4-4

主程序：

```
%52
G54
M03 S800
G00 Z100
X140 Y140
Z10
G01 Z0 F100
M98 P1 L10
G00 Z100
M30
```

子程序：

```
%1
G91 G01 Z-1 F100
G90 G41 X115 Y115 D01 F500
Y-115
X-115
Y115
X115
G40 X140 Y140
M99
```

四、任务方案

（1）以4~6人组成学习小组为作业单元，完成项目任务实施内容。

机床号	作业者	学号	组号	小组其他成员

（2）小组讨论制定出任务实施方案。

五、任务实施

（一）加工工艺方案

（1）刀具定位在100mm×100mm方台之外。

（2）每次下刀1mm加工70mm×70mm方台，加工深度10mm。

（3）每次下刀1mm加工60mm×60mm方台，加工深度5mm。

（4）加工完毕后抬刀。

（二）实施设施准备

（1）设备型号：凯达 KDX-6V 数控铣床。

（2）毛坯：100mm×100mm×30mm，材料为 PVC 塑料块。

（3）工具、量具、刃具，见表 3-4-1。

表 3-4-1 **工具、量具、刃具清单**

工具、量具、刃具清单				精度(mm)	单位	数量
种类	序号	名称	规格			
工具	1	精密平口钳	150mm	0.1	个	1
	2	平口钳扳手	同上	—	把	1
	3	胶头锤	—	—	把	1
	4	垫块	—	—	块	2
	5	毛刷	—	—	把	1
量具	1	三角尺	200mm	1	把	1
	2	游标卡尺	150mm	0.02	把	1
刃具	1	立铣刀	ϕ20 mm	—	个	1

（三）参考程序编制

主程序：

```
%112
G54
M03 S800
G00 Z100
X-100 Y-100
Z10
G01 Z0 F100
M98 P1 L10
G00 Z10
G01 Z0 F100
M98 P2 L5
G00 Z100
X0 Y0
M30
```

子程序 1：

```
%1
G91 G01 Z-1 F100
G90 G41 X-35 Y-35 D01 F500
Y35
X35
Y-35
X-35
G40 X-100 Y-100
M99
```

子程序 2：

```
%2
G91 G01 Z-1 F100
G90 G41 X-30 Y-30
D01 F500
Y0
X0 Y30
X30
Y-30
X-30
G40 X-100 Y-100
M99
```

（四）零件加工步骤

（1）按顺序打开机床，并将机床回参考点。

（2）装好垫块，安装好零件，并用胶头锤将工件锤平夹紧。
（3）利用寻边器对 X 轴、Y 轴对刀。
（4）装上 ϕ20mm 立铣刀，Z 方向进行对刀，建立工件坐标系。
（5）锁住机床，校验程序。
（6）程序校验无误后，开始加工。
（7）加工完成后，按照图纸检查零件。
（8）检查无误后，清扫机床，关机。

六、任务总结评价

（一）自我评估

针对能力目标，对自己在任务实施过程中的表现给出分数（满分 100 分）以及 A 优秀、B 良好、C 合格、D 不合格等级予以客观评价。

知识与能力	
问题与建议	
自我打分：　　分	评价等级：　　级

（二）小组评价

小组同学对该同学在任务实施过程中的表现给出分数（单项 0 ~ 20 分）及等级予以客观、合理评价。

独立工作能力	学习创新能力	小组发挥作用	任务完成	其他
分	分	分	分	分
五项总计得分：　　分		评价等级：　　级		

（三）教师评价

指导教师根据学生在学习及任务实施过程中的工作态度、综合能力、任务完成情况予以评价。

得分：　　分，评价等级：　　级

（四）任务综合评价

姓　名	小组	指导教师	班 年　月　日			
项目	评价标准	评价依据	自　评	小组评	老师评	小计分
专业能力	1. 切削加工工艺制定正确，切削用量选择合理 2. 程序正确、简单、规范 3. 刀具选择及安装正确、规范 4. 工件找正及安装正确、规范 5. 工件加工完整、正确 6. 有独立的工作能力和创新意识	1. 操作准确、规范 2. 工作任务完成的程度及质量 3. 独立工作能力 4. 解决问题能力	0～25分	0～25分	0～50分	（自评+组评+师评）×0.6
			权 重 0.6			
职业素养	1. 遵守规章制度、劳动纪律 2. 积极参加团队作业，有良好的协作精神 3. 能综合运用知识，有较强学习能力和信息分析能力 4. 自觉遵守6S要求	1. 遵守纪律 2. 工作态度 3. 团队协作精神 4. 学习能力 5. 6S要求	0～25分	0～25分	0～50分	（自评+组评+师评）×0.4
			权 重 0.4			
评价	A（优　秀）：100～90分 B（良　好）：89～70分 C（合　格）：69～60分 D（不合格）：59分及以下		能力+素养总计得分			分
			等　级			级

七、技能拓展

（1）采用分层切削方式完成图3-4-5所示零件加工，毛坯尺寸100mm×100mm×30mm，材料45钢，层高1mm。

（2）采用分层切削方式完成图3-4-6所示零件加工，毛坯尺寸100mm×100mm×30mm，材料45钢，层高1mm。

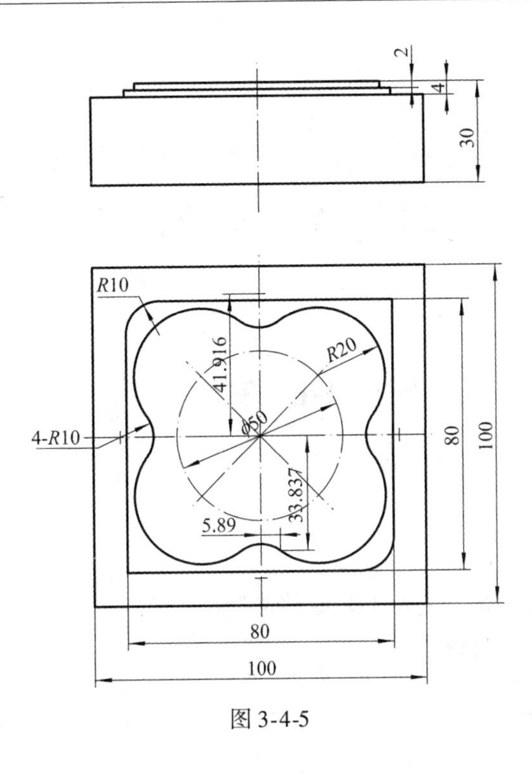
2
4
30
R10
41.916
R20
4-R10
ϕ50
80
100
33.837
5.89
80
100

图 3-4-5

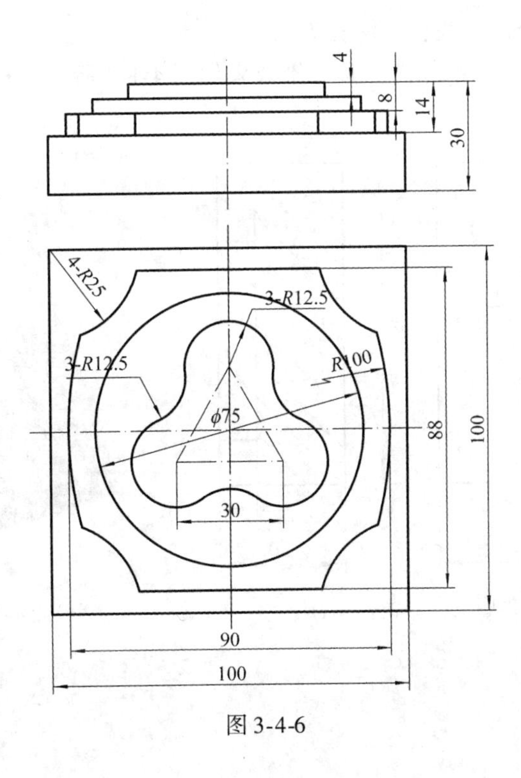
4
8
14
30
4-R25
3-R12.5
3-R12.5
R100
ϕ75
88
100
30
90
100

图 3-4-6

项目4　孔加工

任务4-1　钻　　孔

一、任务要求

(1) 了解孔的类型及加工方法；
(2) 了解麻花钻、钻孔工艺及工艺参数选择；
(3) 掌握孔加工循环指令。

二、能力目标

(1) 掌握浅孔、深孔加工工艺；
(2) 掌握循环指令加工浅孔、深孔方法；
(3) 完成如图4-1-1所示零件，其三维效果如图4-1-2所示，材料为PVC塑料块。

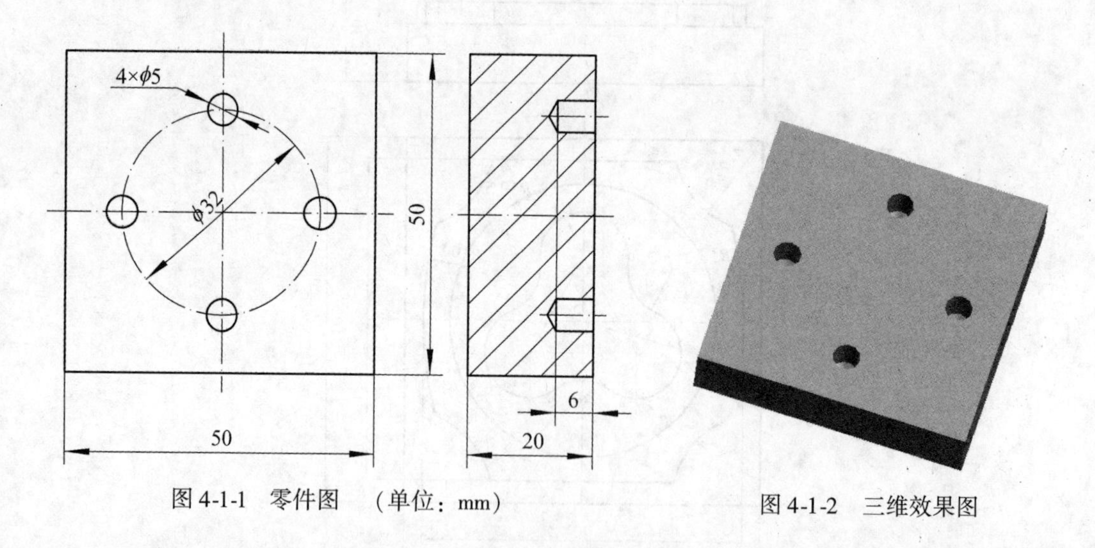

图4-1-1　零件图　（单位：mm）

图4-1-2　三维效果图

三、任务准备

（一）钻头

钻头是用以在实体材料上钻削出通孔或盲孔，并能对已有的孔扩孔的刀具。常用的钻头主要有麻花钻、扁钻、中心钻和深孔钻。扩孔钻和锪孔钻虽不能在实体材料上钻孔。但习惯上也将这类钻归入钻头一类。如图4-1-3、图4-1-4所示。

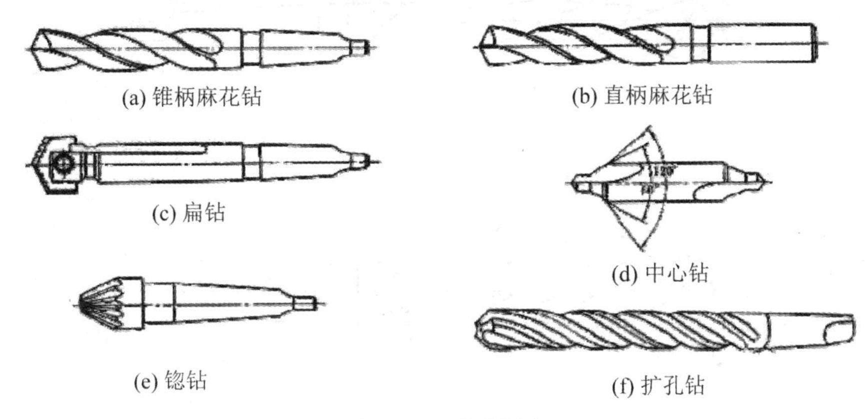

(a) 锥柄麻花钻　(b) 直柄麻花钻　(c) 扁钻　(d) 中心钻　(e) 锪钻　(f) 扩孔钻

图4-1-3　常用钻头

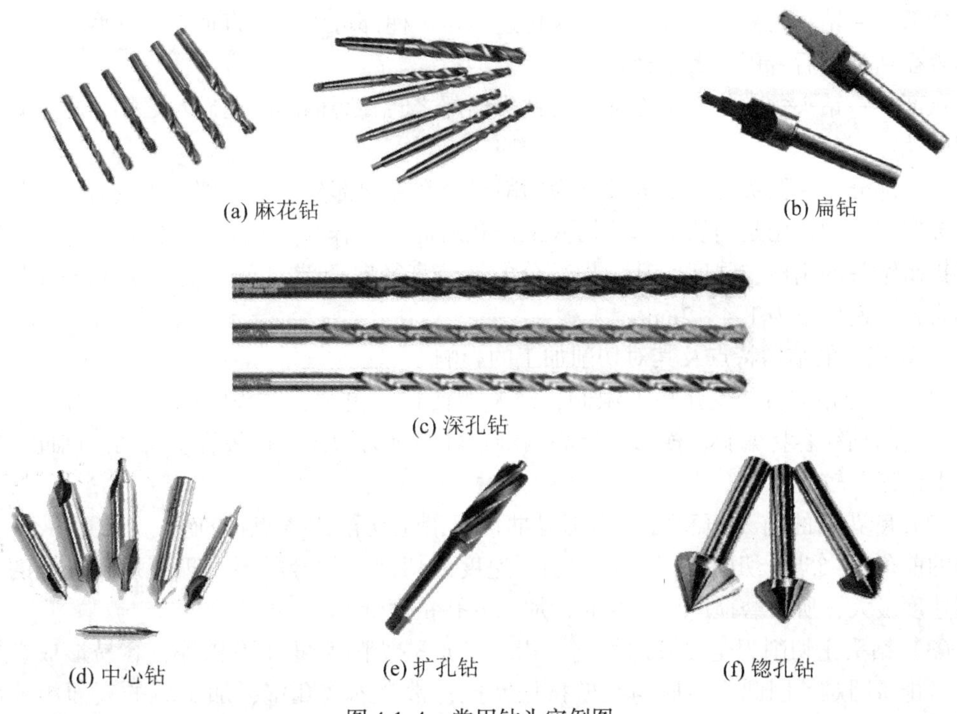

(a) 麻花钻　(b) 扁钻　(c) 深孔钻　(d) 中心钻　(e) 扩孔钻　(f) 锪孔钻

图4-1-4　常用钻头实例图

(二) 麻花钻

麻花钻是从实体材料上加工出孔的刀具，又是孔加工刀具中应用最广的刀具。

1. 麻花钻的组成

标准麻花钻由柄部、颈部和工作部分组成。如图4-1-5所示。

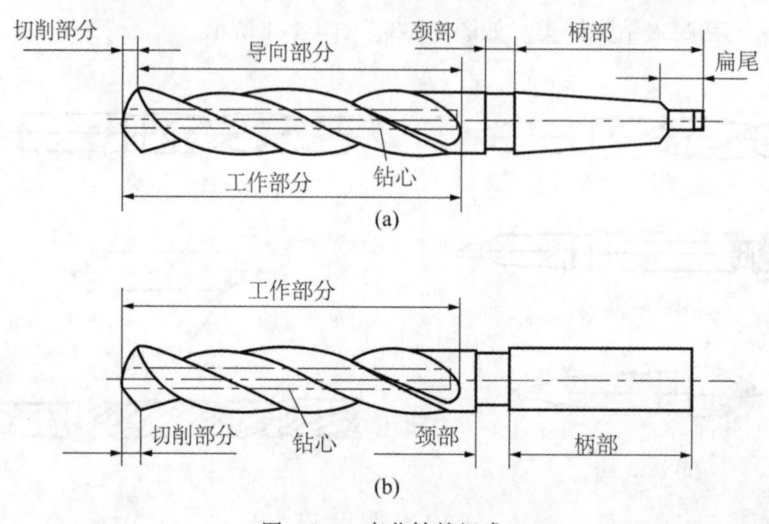

图 4-1-5 麻花钻的组成

柄部——钻头的夹持部分，并用来传递扭矩。柄部可以分为直柄与锥柄两种，前者用于小直径钻头，后者用于大直径钻头。

颈部——钻头颈部位于工作部分与钻头柄部之间，磨柄部时退砂轮之用，也是钻头打标记的地方。

工作部分——钻头工作部分又分为切削部分和导向部分。切削部分担负着主要切削工作；导向部分的作用是当切削部分切入工作孔后起导向作用，也是切削部分的备磨部分。为了提高钻头的刚性与强度，其工作部分的钻芯直径向柄部方向递增，每 100mm 长度上钻芯直径的递增量为 1.4 ~2mm。

2. 麻花钻的结构特点及其对切削加工的影响

（1）麻花钻的直径受孔径的限制，螺旋槽使钻心更细，钻头刚度低；仅有两条棱带导向，孔的轴线容易偏斜；横刃使定心困难，轴向抗力增大，钻头容易摆动。因此，钻出孔的形位误差较大。

（2）麻花钻的前刀面和后刀面都是曲面，沿主切削刃各点的前角、后角各不相同，横刃的前角达-55°。切削条件很差；切削速度沿切削刃的分配不合理，强度最低的刀尖切削速度最大，所以磨损严重。因此，加工的孔精度低。

（3）钻头主切削刃全刃参加切削，刃上各点的切削速度又不相等，容易形成螺旋形切削，排屑困难。因此，切屑与孔壁挤压摩擦，常常划伤孔壁，加工后的表面粗糙度很低。

（三）钻孔循环指令

（1）数控加工中，某些加工动作循环已经模块化。例如，钻孔、铰孔的动作是孔位平面定位、快速引进、工作进给、快速退回等，这样一系列典型的加工动作已经预先编制好程序，存储在内存中，可以用称为固定循环的一个 G 代码程序段调用，从而简化编程工作。

孔加工固定循环指令通常由下述6个动作构成。

①X轴、Y轴定位；

②定位到R点（定位方式取决于上次是G00或G01）；

③孔加工；

④在孔底的动作；

⑤退回到R点（参考点）；

⑥快速返回到初始点。

华中数控系统钻削循环过程如图4-1-6所示。

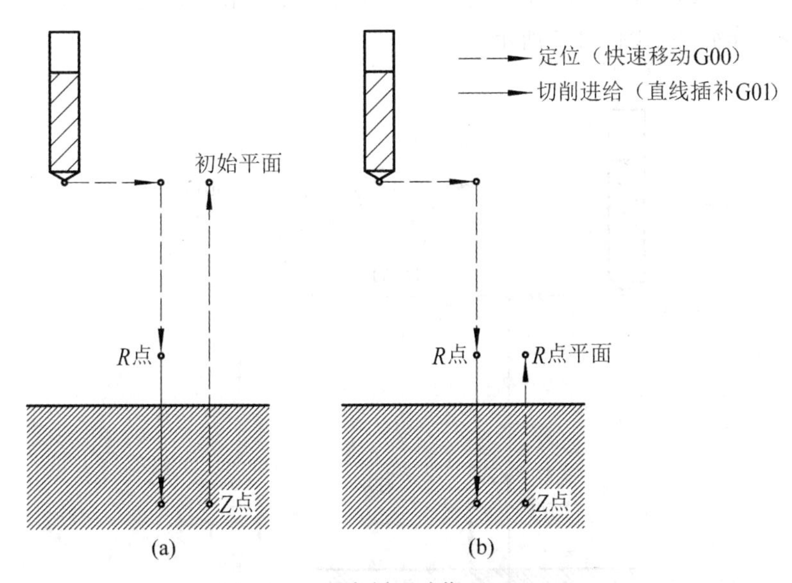

图4-1-6　固定循环动作（G98、G99）

固定循环的数据表达形式可以用绝对坐标（G90）和相对坐标（G91）表示。

固定循环的程序格式包括数据形式、返回点平面、孔加工方式、孔位置数据、孔加工数据和循环次数。数据形式（G90或G91）在程序开始时就已指定，因此在固定循环程序格式中可以不注出。

格式：G98/G99 G_　X_　Y_　Z_　R_　Q_　P_　I_　J_　K_　F_　L_

说明：

G98：返回初始平面；

G99：返回R平面；

G：固定循环代码G73、G74、G76和G81～G89之一；

X、Y：加工起点到孔位的距离（G91）或孔位坐标（G90）；

R：初始点到R点的距离（G91）或R点的坐标（G90）；

Z：R点到孔底的距离（G91）或空底坐标（G90）；

Q：每次进给深度（G73/G83）；

I、J：刀具在轴反向位移增量（G76/G87）；

P：刀具在孔底的暂停时间；

F：切削进给速度；

L：固定循环次数。

G73、G74、G76 和 G81 ~ G89、Z、R、P、F、Q、I、J、K 是模态指令。G80、G01 ~ G03 等代码可以取消固定循环。

（2）G81 钻孔循环。

格式：G98/G99 G81 X_ Y_ Z_ R_ F_ L_

说明：

G81 钻孔动作循环，包括 *X*、*Y* 坐标定位、快进、工进和快速返回等动作。

G81 指令动作循环如图 4-1-7 所示。

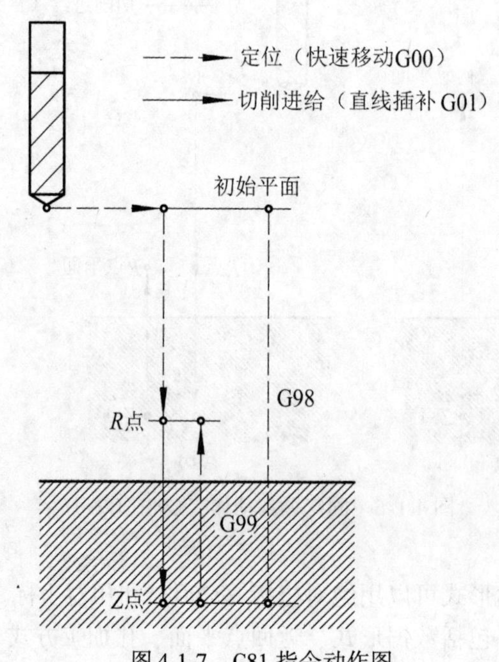

图 4-1-7 G81 指令动作图

注意：如果 *Z* 的移动量为零，该指令不执行。

【例】如图 4-1-8 所示，在 *XY* 平面（24，15）位置加工深度为 10mm 的孔，钻孔坐标轴方向安全距离为 2mm。

参考程序如下：

```
%0081
G17 G90 G54
M03 S500
G98 G81 X24 Y15 Z-12 R2 F100
G80 G00 Z100
M30
```

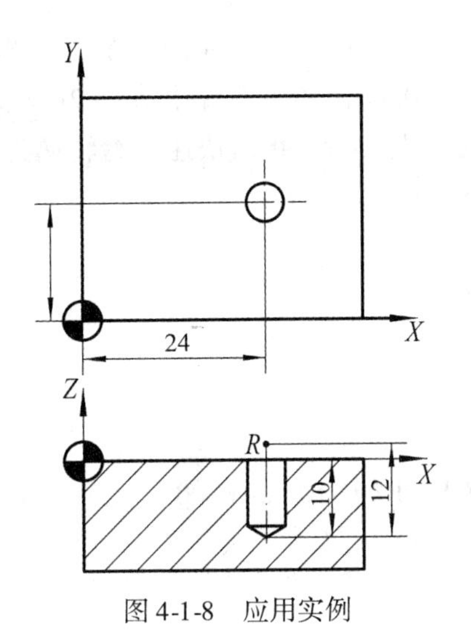

图 4-1-8 应用实例

（3）G83 深孔加工循环。

格式：G98/G99 G83 X_ Y_ Z_ R_ Q_ P_ K_ F_ L_

说明：

Q：每次进给深度；

K：每次退刀后，再次进给时，由快速进给转换为切削进给时距上次加工面的距离。

注意：Z、K、Q 移动量为零时，该指令不执行。

G83 指令动作循环如图 4-1-9 所示。

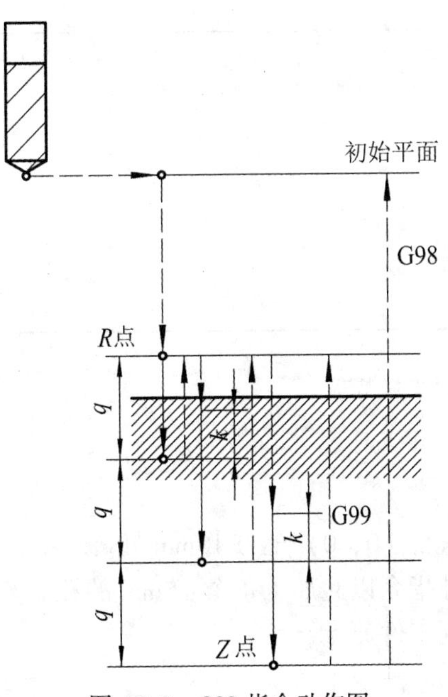

图 4-1-9 G83 指令动作图

【例】使用G83指令编制深孔加工程序，孔X、Y方向坐标（100，0）：设刀具起点距工件上表面42mm，距孔底80mm，在距工件上表面2mm处（*R*点）由快进转换为工进，每次进给深度10mm，每次退刀后，再由快速进给转换为切削进给时距上次加工面的距离为5mm。

参考程序如下：

```
%0083
G17 G90 G54
G00 X0 Y0 Z42
M03 S500
G99 G83 X100 Z-38 R2 P2 Q-10 K5 F100
G80 G00 Z100
M30
```

四、任务方案

（1）以4～6人组成学习小组为作业单元，完成项目任务实施内容。

机床号	作业者	学　号	组　号	小组其他成员

（2）小组讨论制定出任务实施方案。

五、任务实施（参考）

（一）加工工艺方案

（1）刀具定位在工件原点（0，0）上方10mm处。

（2）利用G81钻孔循环指令以此加工4个ϕ5mm的孔。

（3）抬刀100mm，回到工件原点。

（二）实施设施准备

（1）设备型号：凯达KDX-6V数控铣床。

（2）毛坯：50mm×50mm×20mm，材料为PVC塑料块。
（3）工具、量具、刃具，见表4-1-2。

表4-1-2 **工具、量具、刃具清单**

工具、量具、刃具清单				精度(mm)	单位	数量
种类	序号	名称	规格			
工具	1	精密平口钳	150mm	0.1	个	1
	2	平口钳扳手	同上	—	把	1
	3	胶头锤	—	—	把	1
	4	垫块	—	—	块	2
	5	毛刷	—	—	把	1
量具	6	三角尺	150mm	1	把	1
	7	游标卡尺	150mm	0.02	把	1
刃具	8	麻花钻	ϕ5 mm	—	个	1

（三）参考程序编制

```
%01
G54
M03 S500
G00 Z100
X0 Y0
Z10
G98 G81 X16 Y0 Z-8 R2 F100
G98 G81 X0 Y16 Z-8 R2 F100
G98 G81 X-16 Y0 Z-8 R2 F100
G98 G81 X0 Y-16 Z-8 R2 F100
G80 G00 Z100
M30
```

（四）零件加工步骤
（1）按顺序打开机床，并将机床回参考点。
（2）装好垫块，安装好零件，并用胶头锤将工件锤平夹紧。
（3）利用寻边器对 X 轴、Y 轴对刀。
（4）装上 ϕ5 麻花钻，Z 方向进行对刀，建立工件坐标系。
（5）锁住机床，校验程序。
（6）程序校验无误后，开始加工。
（7）加工完成后，按照图纸检查零件。

（8）检查无误后，清扫机床，关机。

六、任务总结评价

（一）自我评估

针对能力目标，对自己在任务实施过程中的表现给出分数（满分100分）以及A优秀、B良好、C合格、D不合格等级予以客观评价。

知识与能力	
问题与建议	
自我打分：　　分	评价等级：　　级

（二）小组评价

小组同学对该同学在任务实施过程中的表现给出分数（单项0～20分）及等级予以客观、合理评价。

独立工作能力	学习创新能力	小组发挥作用	任务完成	其他
分	分	分	分	分
五项总计得分：　　分		评价等级：　　级		

（三）教师评价

指导教师根据学生在学习及任务实施过程中的工作态度、综合能力、任务完成情况予以评价。

得分：　　分，评价等级：　　级

（四）任务综合评价

<table>
<tr><td colspan="2">姓 名</td><td>小组</td><td>指导教师</td><td colspan="4">班</td></tr>
<tr><td colspan="2"></td><td></td><td></td><td colspan="4">年 月 日</td></tr>
<tr><td>项目</td><td>评价标准</td><td colspan="2">评价依据</td><td>自 评</td><td>小组评</td><td>老师评</td><td>小计分</td></tr>
<tr><td rowspan="3">专业能力</td><td rowspan="3">1. 切削加工工艺制定正确，切削用量选择合理
2. 程序正确、简单、规范
3. 刀具选择及安装正确、规范
4. 工件找正及安装正确、规范
5. 工件加工完整、正确
6. 有独立的工作能力和创新意识</td><td colspan="2" rowspan="3">1. 操作准确、规范
2. 工作任务完成的程度及质量
3. 独立工作能力
4. 解决问题能力</td><td>0～25分</td><td>0～25分</td><td>0～50分</td><td rowspan="2">（自评+组评+师评）×0.6</td></tr>
<tr><td></td><td></td><td></td></tr>
<tr><td colspan="3">权 重0.6</td><td></td></tr>
<tr><td rowspan="3">职业素养</td><td rowspan="3">1. 遵守规章制度、劳动纪律
2. 积极参加团队作业，有良好的协作精神
3. 能综合运用知识，有较强学习能力和信息分析能力
4. 自觉遵守6S要求</td><td colspan="2" rowspan="3">1. 遵守纪律
2. 工作态度
3. 团队协作精神
4. 学习能力
5. 6S要求</td><td>0～25分</td><td>0～25分</td><td>0～50分</td><td rowspan="2">（自评+组评+师评）×0.4</td></tr>
<tr><td></td><td></td><td></td></tr>
<tr><td colspan="3">权 重0.4</td><td></td></tr>
<tr><td rowspan="2">评价</td><td colspan="2" rowspan="2">A（优　秀）：100～90分
B（良　好）：89～70分
C（合　格）：69～60分
D（不合格）：59分及以下</td><td colspan="2">能力+素养总计得分</td><td colspan="3">分</td></tr>
<tr><td colspan="2">等 级</td><td colspan="3">级</td></tr>
</table>

任务4-2 铰 孔

一、任务要求

（1）了解铰刀的形状、结构、种类；

（2）掌握铰削工艺参数的选择。

二、能力目标

（1）掌握铰刀的校正方法；

（2）掌握铰削工艺；

（3）完成如图4-2-1所示零件，其三维效果如图4-2-2所示，材料为PVC塑料块，毛坯尺寸50mm×50mm×10mm。

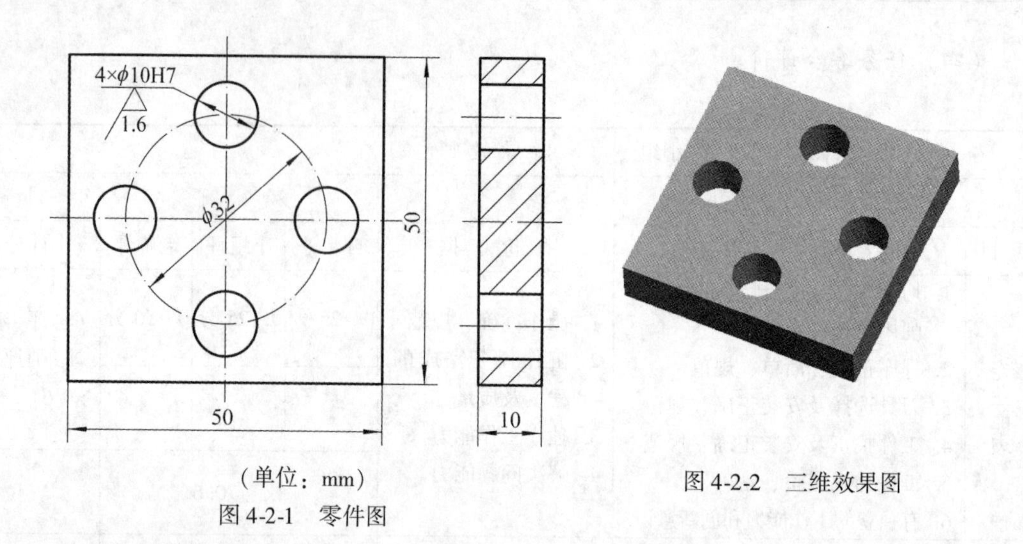

（单位：mm）
图 4-2-1　零件图

图 4-2-2　三维效果图

三、任务准备

（一）铰刀

铰孔作为孔的精加工方法之一，铰孔前应安排用麻花钻钻孔等粗加工工序（钻孔前还需用中心钻钻中心孔定心）。铰孔所用刀具为铰刀，铰刀形状、结构、种类如下：

（1）铰刀的几何形状和结构如图 4-2-3 所示。

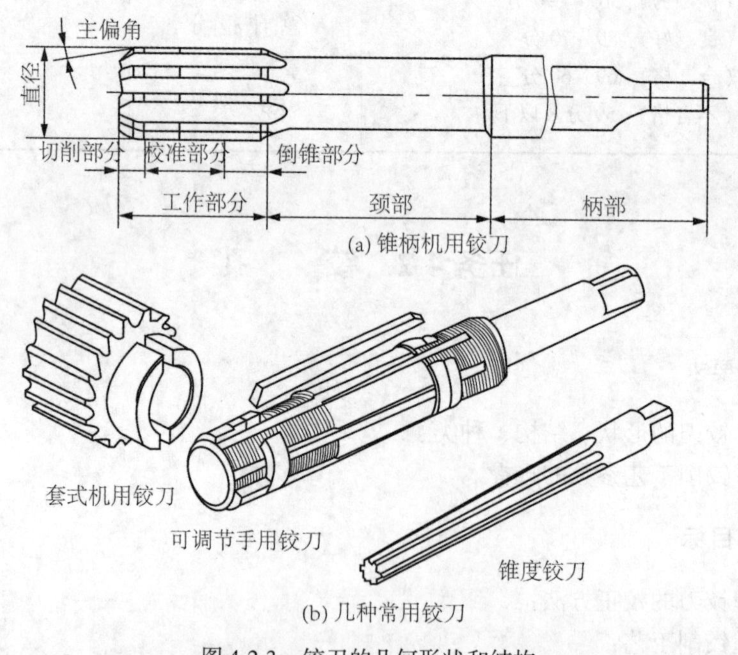

图 4-2-3　铰刀的几何形状和结构

（2）铰刀的组成及各部分作用如表 4-2-1 所示。

表4-2-1　　**铰刀的组成部分及作用**

结　构		作　用
柄　部		装夹和传递转矩
工作部分	引导部分	导向
	切削部分	切削
	修光部分	定向、修光孔壁、控制铰刀直径和便于测量
	倒锥部分	减少铰刀与工件已加工表面的摩擦
颈　部		标注规格及商标

（3）铰刀的种类、特点及应用。

铰刀按使用方法可以分为手用铰刀和机用铰刀两种；按所铰孔的形状可以分为圆柱形铰刀和圆锥形铰刀两种；按切削部分的材料可以分为高速钢铰刀和硬质合金铰刀。

铰刀是多刃切削刀具，有6～12个切削刃，铰孔时导向性好。由于刀齿的齿槽很浅，铰刀的横截面积大，因此刚性很好。

铰孔的加工精度可以高达IT6～IT7，表面粗糙度R_a0.4～0.8μm，铰孔常作为孔的精加工方法之一，尤其适用于精度高的小孔的精加工。

（二）合理铰削余量的选择

铰削余量不能太大也不能太小，余量太大铰削困难；余量太小，前道工序加工痕迹无法消除。一般粗铰余量为0.15～0.30mm，精铰余量为0.04～0.15mm。铰孔前如采用钻孔、扩孔等工序，铰削余量主要由所选择的钻头直径确定。

四、任务方案

（1）以4～6人组成学习小组为作业单元，完成项目任务实施内容。

机 床 号	作 业 者	学号	组号	小 组 其 他 成 员

（2）小组讨论制定出任务实施方案。

五、任务实施

（一）加工工艺方案

（1）ϕ10mm 铰刀定位在工件原点（0，0）上方 10mm 处。

（2）利用 G83 深孔钻循环指令以此加工 4 个 ϕ10mm 的孔。

（3）抬刀 100mm，回到工件原点，结束加工。

（二）实施设施准备

（1）设备型号：凯达 KDX-6V 数控铣床。

（2）毛坯：50mm×50mm×10mm，材料为 PVC 塑料块。

（3）工具、量具、刃具，见表 4-2-2。

表 4-2-2　　工具、量具、刃具清单

工具、量具、刃具清单				精度(mm)	单位	数量
种类	序号	名称	规格			
工具	1	精密平口钳	150mm	0.1	个	1
	2	平口钳扳手	同上	—	把	1
	3	胶头锤	—	—	把	1
	4	垫块	—	—	块	2
	5	毛刷	—	—	把	1
量具	1	三角尺	150mm	1	把	1
	2	游标卡尺	150mm	0.02	把	1
刃具	1	铰刀	ϕ10mm	—	个	1

（三）参考程序编制

```
%01
G17 G90 G54
G00 X0 Y0 Z10
M03 S500
G99 G83 X16 Y0 Z-10 R2 P2 Q-10 K5 F100
G99 G83 X0 Y16 Z-10 R2 P2 Q-10 K5 F100
G99 G83 X-16 Y0 Z-10 R2 P2 Q-10 K5 F100
G99 G83 X0 Y-16 Z-10 R2 P2 Q-10 K5 F100
G80 G00 Z100
M30
```

（四）零件加工步骤

（1）按顺序打开机床，并将机床回参考点。

（2）装好垫块，安装好零件，并用胶头锤将工件锤平夹紧。

（3）利用寻边器对 X 轴、Y 轴对刀。

（4）装上 ϕ10mm 铰刀，Z 方向进行对刀，建立工件坐标系。

（5）锁住机床，校验程序。

（6）程序校验无误后，开始加工。

（7）加工完成后，按照图纸检查零件。

（8）检查无误后，清扫机床，关机。

六、任务总结评价

（一）自我评估

针对能力目标，对自己在任务实施过程中的表现给出分数（满分100分）以及A优秀、B良好、C合格、D不合格等级予以客观评价。

知识与能力	
问题与建议	
自我打分：　　分	评价等级：　　级

（二）小组评价

小组同学对该同学在任务实施过程中的表现给出分数（单项0～20分）及等级予以客观、合理评价。

独立工作能力	学习创新能力	小组发挥作用	任务完成	其他
分	分	分	分	分
五项总计得分：　　分		评价等级：　　级		

（三）教师评价

指导教师根据学生在学习及任务实施过程中的工作态度、综合能力、任务完成情况予以评价。

得分：　　　分，评价等级：　级

（四）任务综合评价

姓　　名	小组	指 导 教 师	班
			年　月　日

项目	评 价 标 准	评 价 依 据	自　评	小组评	老师评	小计分
专业能力	1. 切削加工工艺制定正确，切削用量选择合理 2. 程序正确、简单、规范 3. 刀具选择及安装正确、规范 4. 工件找正及安装正确、规范 5. 工件加工完整、正确 6. 有独立的工作能力和创新意识	1. 操作准确、规范 2. 工作任务完成的程度及质量 3. 独立工作能力 4. 解决问题能力	0～25分	0～25分	0～50分	（自评+组评+师评）×0.6
			权 重 0.6			
职业素养	1. 遵守规章制度、劳动纪律 2. 积极参加团队作业，有良好的协作精神 3. 能综合运用知识，有较强学习能力和信息分析能力 4. 自觉遵守6S要求	1. 遵守纪律 2. 工作态度 3. 团队协作精神 4. 学习能力 5. 6S要求	0～25分	0～25分	0～50分	（自评+组评+师评）×0.4
			权 重 0.4			
评价	A（优　秀）：100～90分 B（良　好）：89～70分 C（合　格）：69～60分 D（不合格）：59分及以下	能力+素养总 计 得 分	分			
		等　级	级			

项目5　零件综合加工

任务5-1　零　件　一

一、任务要求

完成如图5-1-1、图5-1-2所示零件，材料为45钢，评分表如表5-1-1所示。

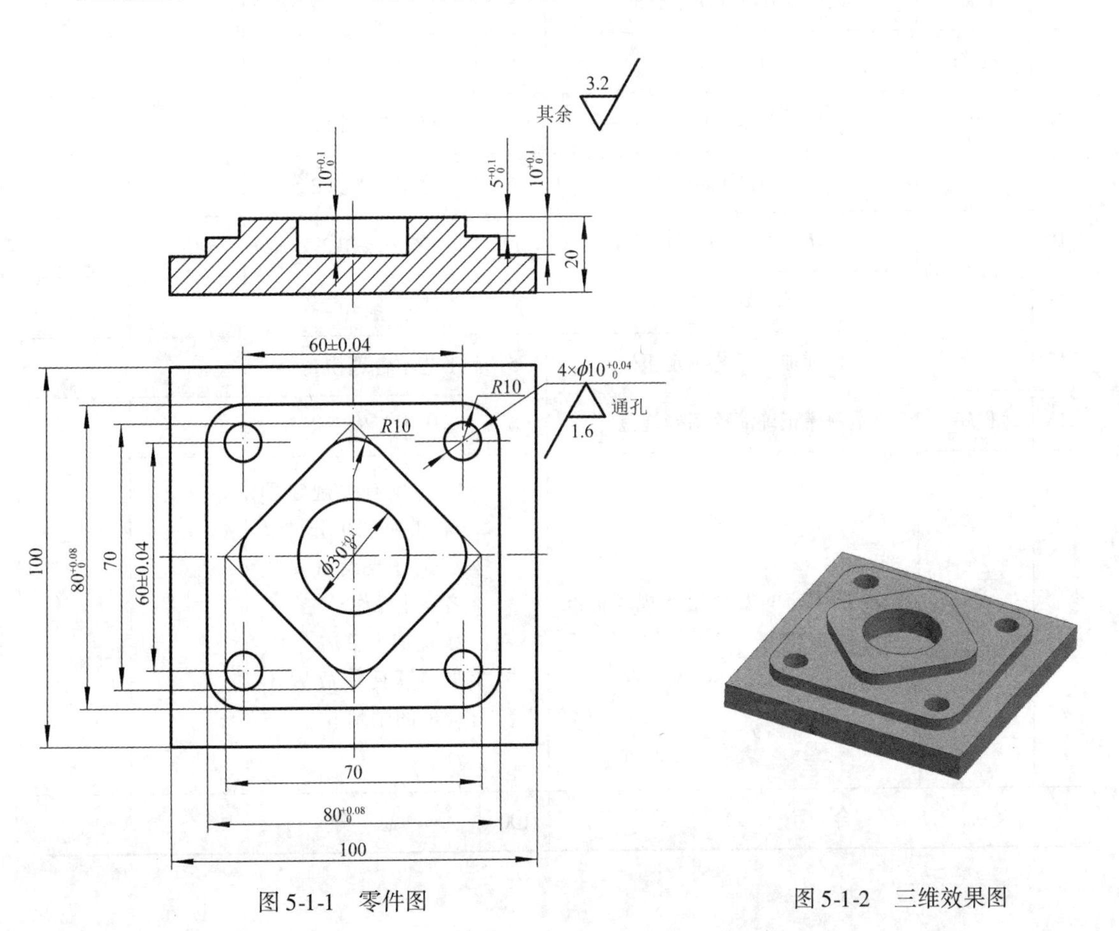

图5-1-1　零件图

图5-1-2　三维效果图

表 5-1-1 **零件综合加工训练一评分表**

班级		姓名		学号		组号
实训课题				零件图号		
序号	检测项目	技术要求	配分	评分标准	检测结果	得分
1	轮廓	$80_{0}^{+0.08}$mm（2 处）	10	超差 0.1 扣 2 分		
2		70mm（2 处）	4	超差不得分		
3		$\phi30_{0}^{+0.1}$mm	4	超差 0.1 扣 2 分		
4		R10mm（8 处）	16	超差不得分		
5	孔	$4\times\phi10_{0}^{+0.04}$mm	12	超差 0.02 扣 2 分		
6	孔距	（60±0.04）mm（2 处）	8	超差 0.1 扣 2 分		
7	孔深	$10_{0}^{+0.1}$mm	6	超差 0.1 扣 2 分		
8	深度	$10_{0}^{+0.1}$mm	6	超差 0.1 扣 2 分		
9		$5_{0}^{+0.1}$mm	6	超差 0.1 扣 2 分		
10	表面粗糙度	R_a1.6μm（4 处）	12	降一级扣 2 分		
11		R_a3.2μm（3 处）	6	降一级扣 2 分		
12	工艺	切削加工工艺制定正确	5	工艺不合理扣 2 分		
13	程序	程序正确简单明确规范	5	程序不正确不得分		
14	安全文明生产	按国家颁布的安全生产规定标准规定		1. 违反有关规定酌情扣 1 ~ 10 分，危及人身或设备安全者终止操作 2. 场地不整洁，工、夹、量具等放置不合理的酌情扣 1 ~ 5 分		
合 计			100	总 分		

二、任务实施

（一）加工工艺方案

（二）实施设施准备

（1）机床。

（2）毛坯。

（3）工具、量具、刃具，填写清单表5-1-2。

表5-1-2 **工具、量具、刃具清单**

工具、量具、刃具清单				精度(mm)	单位	数量
种类	序号	名称	规格			
工具	1					
	2					
	3					
	4					
	5					
量具	1					
	2					
刃具	1					
	2					
	3					
	4					

（三）参考程序编制

（四）零件加工步骤

三、任务总结评价

（一）自我评估

针对能力目标，对自己在任务实施过程中的表现给出分数（满分100分）以及A优秀、B良好、C合格、D不合格等级予以客观评价。

知识与能力	
问题与建议	
自我打分：　　分	评价等级：　　级

（二）小组评价

小组同学对该同学在任务实施过程中的表现给出分数（单项0~20分）及等级予以客观、合理评价。

独立工作能力	学习创新能力	小组发挥作用	任务完成	其 他
分	分	分	分	分
五项总计得分：　　分		评价等级：　　级		

（三）教师评价

指导教师根据学生在学习及任务实施过程中的工作态度、综合能力、任务完成情况予以评价。

得分：　　分，评价等级：　　级

（四）任务综合评价

姓名		小组	指导教师				班
							年 月 日
项目	评价标准		评价依据	自评	小组评	老师评	小计分
专业能力	1. 切削加工工艺制定正确，切削用量选择合理 2. 程序正确、简单、规范 3. 刀具选择及安装正确、规范 4. 工件找正及安装正确、规范 5. 工件加工完整、正确 6. 有独立的工作能力和创新意识		1. 操作准确、规范 2. 工作任务完成的程度及质量 3. 独立工作能力 4. 解决问题能力	0~25分	0~25分	0~50分	（自评+组评+师评）×0.6
				权重0.6			
职业素养	1. 遵守规章制度、劳动纪律 2. 积极参加团队作业，有良好的协作精神 3. 能综合运用知识，有较强学习能力和信息分析能力 4. 自觉遵守6S要求		1. 遵守纪律 2. 工作态度 3. 团队协作精神 4. 学习能力 5. 6S要求	0~25分	0~25分	0~50分	（自评+组评+师评）×0.4
				权重0.4			
评价	A（优　秀）：100~90分 B（良　好）：89~70分 C（合　格）：69~60分 D（不合格）：59分及以下		能力+素养总计得分				分
			等级				级

任务5-2 零件二

一、任务要求

完成如图5-2-1、图5-2-2所示零件，材料为45钢，评分表如表5-2-1所示。

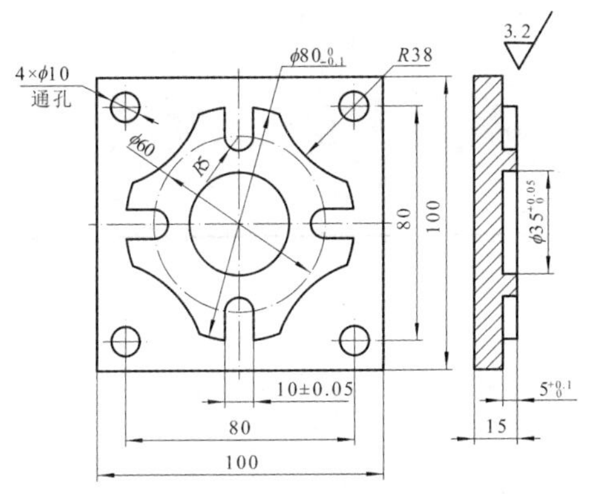

图 5-2-1 零件图

图 5-2-2 三维效果图

表 5-2-1 **零件综合加工训练二评分表**

班级		姓名		学号		组号
实训课题				零件图号		
序号	检测项目	技术要求	配分	评分标准	检测结果	得分
1	轮廓	*R*38mm（4 处）	12	超差不得分		
2		*R*5mm（4 处）	12	超差不得分		
3		$\phi 80^{0}_{-0.1}$mm	4	超差 0.1 扣 2 分		
4		（10±0.04）mm（2 处）	24	超差 0.1 扣 2 分		
5		$\phi 60$mm	3	超差不得分		
6		$\phi 30^{+0.05}_{0}$mm	8	超差 0.02 扣 2 分		
7	孔	4×$\phi 10$mm	12	超差不得分		
8		64mm（2 处）	6	超差不得分		
9	深度	4mm	3	超差不得分		
10		$5^{+0.1}_{0}$mm	4	超差 0.1 扣 2 分		
11	表面粗糙度	R_a3.2μm	2	降一级扣 2 分		
12	工艺	切削加工工艺制定正确	5	工艺不合理扣 2 分		
13	程序	程序正确简单明确规范	5	程序不正确不得分		
14	安全文明生产	按国家颁布的安全生产规定标准规定		1. 违反有关规定酌情扣 1～10 分，危及人身或设备安全者终止操作 2. 场地不整洁，工、夹、量具等放置不合理的酌情扣 1～5 分		
合 计			100	总 分		

二、任务实施

（一）加工工艺方案

（二）实施设施准备

（1）机床。

（2）毛坯。

（3）工具、量具、刃具，填写清单表5-2-2。

表5-2-2　**工具、量具、刃具清单**

工具、量具、刃具清单				精度(mm)	单位	数量
种类	序号	名称	规格			
工具	1					
	2					
	3					
	4					
	5					
量具	1					
	2					
刃具	1					
	2					
	3					
	4					

（三）参考程序编制

（四）零件加工步骤

三、任务总结评价

（一）自我评估

针对能力目标，对自己在任务实施过程中的表现给出分数（满分100分）以及A优秀、B良好、C合格、D不合格等级予以客观评价。

知识 与 能力	
问题 与 建议	
自我打分：　　分	评价等级：　　级

（二）小组评价

小组同学对该同学在任务实施过程中的表现给出分数（单项 0～20 分）及等级予以客观、合理评价。

独立工作能力	学习创新能力	小组发挥作用	任务完成	其 他
分	分	分	分	分
五项总计得分：　　分		评价等级：　　级		

（三）教师评价

指导教师根据学生在学习及任务实施过程中的工作态度、综合能力、任务完成情况予以评价。

得分：　　分，评价等级：　　级

（四）任务综合评价

<table>
<tr><td colspan="2">姓　　名</td><td>小组</td><td>指导教师</td><td colspan="4">班</td></tr>
<tr><td colspan="2"></td><td></td><td></td><td colspan="4">年　月　日</td></tr>
<tr><td>项目</td><td colspan="2">评价标准</td><td>评价依据</td><td>自　评</td><td>小组评</td><td>老师评</td><td>小计分</td></tr>
<tr><td rowspan="3">专业能力</td><td colspan="2" rowspan="3">1. 切削加工工艺制定正确，切削用量选择合理
2. 程序正确、简单、规范
3. 刀具选择及安装正确、规范
4. 工件找正及安装正确、规范
5. 工件加工完整、正确
6. 有独立的工作能力和创新意识</td><td rowspan="3">1. 操作准确、规范
2. 工作任务完成的程度及质量
3. 独立工作能力
4. 解决问题能力</td><td>0～25分</td><td>0～25分</td><td>0～50分</td><td rowspan="2">（自评+组评+师评）×0.6</td></tr>
<tr><td></td><td></td><td></td></tr>
<tr><td colspan="3">权 重 0.6</td><td></td></tr>
<tr><td rowspan="3">职业素养</td><td colspan="2" rowspan="3">1. 遵守规章制度、劳动纪律
2. 积极参加团队作业，有良好的协作精神
3. 能综合运用知识，有较强学习能力和信息分析能力
4. 自觉遵守6S要求</td><td rowspan="3">1. 遵守纪律
2. 工作态度
3. 团队协作精神
4. 学习能力
5. 6S要求</td><td>0～25分</td><td>0～25分</td><td>0～50分</td><td rowspan="2">（自评+组评+师评）×0.4</td></tr>
<tr><td></td><td></td><td></td></tr>
<tr><td colspan="3">权 重 0.4</td><td></td></tr>
<tr><td rowspan="2">评价</td><td colspan="3" rowspan="2">A（优　秀）：100～90分
B（良　好）：89～70分
C（合　格）：69～60分
D（不合格）：59分及以下</td><td colspan="2">能力+素养
总计得分</td><td colspan="2">分</td></tr>
<tr><td colspan="2">等　级</td><td colspan="2">级</td></tr>
</table>

任务5-3　零 件 三

一、任务要求

完成如图5-3-1、图5-3-2所示零件，材料为45钢，评分表如表5-3-1所示。

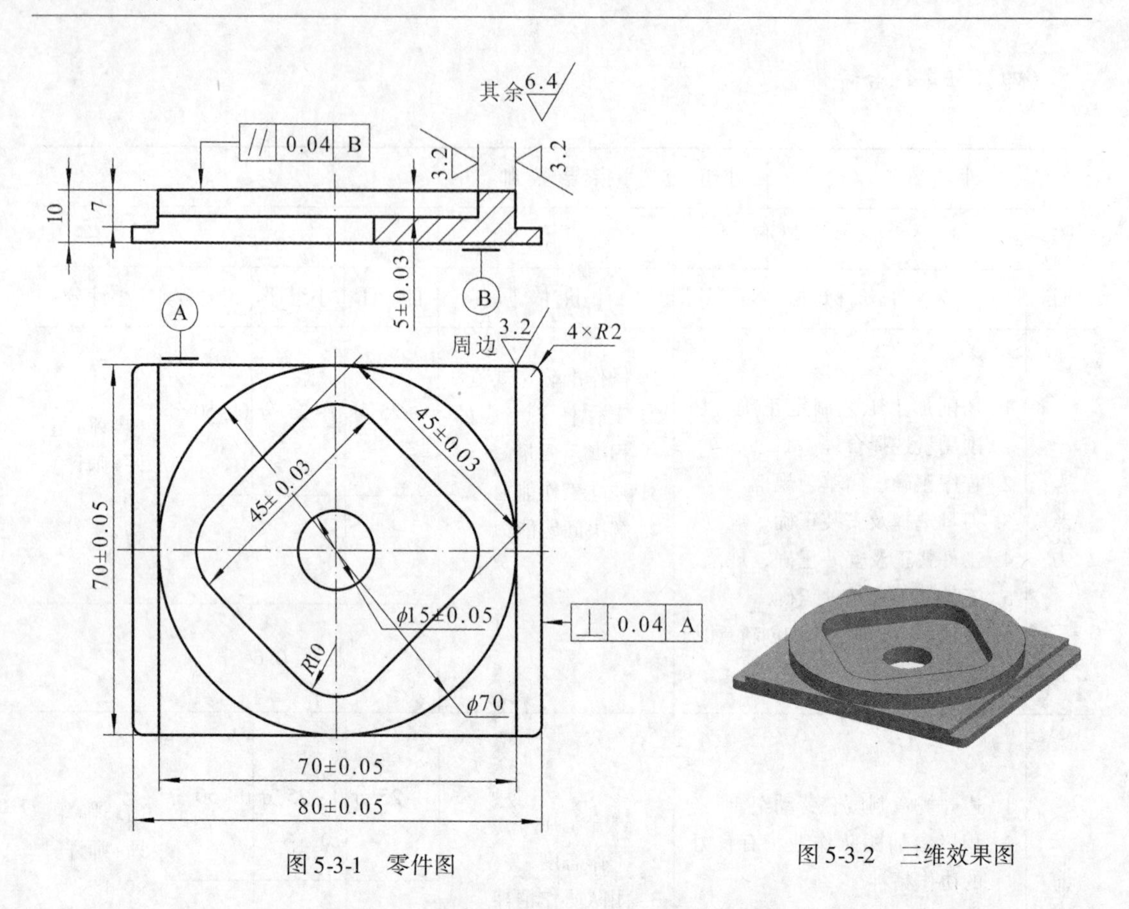

图 5-3-1 零件图

图 5-3-2 三维效果图

表 5-3-1 **零件综合加工训练三评分表**

班级		姓名		学号		组号	
实训课题				零件图号			
序号	检测项目	技术要求	配分	评分标准		检测结果	得分
1	轮廓	80±0. 05mm	6	超差 0. 01 扣 2 分			
2		70±0. 05mm（2 处）	15	超差 0. 01 扣 2 分			
3		ϕ45mm	5	超差不得分			
4		R2mm（4 处）	8	超差不得分			
5	凹槽	45±0. 03mm（2 处）	15	超差 0. 01 扣 2 分			
6		ϕ15±0. 05mm	6	超差 0. 01 扣 2 分			
7		R10mm（4 处）	8	超差不得分			
8	深度	5±0. 03mm	6	超差 0. 01 扣 2 分			
9		7mm	5	超差不得分			
10	表面粗糙度	R_a3. 2μm	10	降一级扣 2 分			

续表

序号	检测项目	技术要求	配分	评分标准	检测结果	得分
11	平行度	0.04	3	超差0.01扣2分		
12	垂直度	0.03	3	超差0.01扣2分		
13	工艺	切削加工工艺制定正确	5	工艺不合理扣2分		
14	程序	程序正确简单明确规范	5	程序不正确不得分		
15	安全文明生产	按国家颁布的安全生产规定标准规定		1. 违反有关规定酌情扣1~10分，危及人身或设备安全者终止操作 2. 场地不整洁，工、夹、量具等放置不合理的酌情扣1~5分		
合计			100	总分		

二、任务实施

（一）加工工艺方案

（二）实施设施准备

（1）机床。

（2）毛坯。

（3）工具、量具、刃具，填写清单表5-3-2。

表5-3-2　**工具、量具、刃具清单**

工具、量具、刃具清单				精度(mm)	单位	数量
种类	序号	名称	规格			
工具	1					
	2					
	3					
	4					
	5					
量具	1					
	2					
刃具	1					
	2					
	3					
	4					

（三）参考程序编制

（四）零件加工步骤

三、任务总结评价

（一）自我评估

针对能力目标，对自己在任务实施过程中的表现给出分数（满分 100 分）以及 A 优秀、B 良好、C 合格、D 不合格等级予以客观评价。

知识与能力		
问题与建议		
自我打分：　　分		评价等级：　　级

（二）小组评价

小组同学对该同学在任务实施过程中的表现给出分数（单项 0 ~ 20 分）及等级予以客观、合理评价。

独立工作能力	学习创新能力	小组发挥作用	任务完成	其他
分	分	分	分	分
五项总计得分：　　分		评价等级：　　级		

（三）教师评价

指导教师根据学生在学习及任务实施过程中的工作态度、综合能力、任务完成情况予以评价：

    得分：　　分，评价等级：　　级

（四）任务综合评价

<table>
<tr><td colspan="2">姓　名</td><td>小组</td><td>指导教师</td><td colspan="4">班</td></tr>
<tr><td colspan="2"></td><td></td><td></td><td colspan="4">年　月　日</td></tr>
<tr><td>项目</td><td colspan="2">评价标准</td><td>评价依据</td><td>自　评</td><td>小组评</td><td>老师评</td><td>小计分</td></tr>
<tr><td rowspan="3">专业能力</td><td colspan="2" rowspan="3">1. 切削加工工艺制定正确，切削用量选择合理
2. 程序正确、简单、规范
3. 刀具选择及安装正确、规范
4. 工件找正及安装正确、规范
5. 工件加工完整、正确
6. 有独立的工作能力和创新意识</td><td rowspan="3">1. 操作准确、规范
2. 工作任务完成的程度及质量
3. 独立工作能力
4. 解决问题能力</td><td>0～25分</td><td>0～25分</td><td>0～50分</td><td rowspan="2">（自评+组评+师评）×0.6</td></tr>
<tr><td></td><td></td><td></td></tr>
<tr><td colspan="3">权 重 0.6</td><td></td></tr>
<tr><td rowspan="3">职业素养</td><td colspan="2" rowspan="3">1. 遵守规章制度、劳动纪律
2. 积极参加团队作业，有良好的协作精神
3. 能综合运用知识，有较强学习能力和信息分析能力
4. 自觉遵守6S要求</td><td rowspan="3">1. 遵守纪律
2. 工作态度
3. 团队协作精神
4. 学习能力
5. 6S要求</td><td>0～25分</td><td>0～25分</td><td>0～50分</td><td rowspan="2">（自评+组评+师评）×0.4</td></tr>
<tr><td></td><td></td><td></td></tr>
<tr><td colspan="3">权 重 0.4</td><td></td></tr>
<tr><td rowspan="2">评价</td><td colspan="2" rowspan="2">A（优　秀）：100～90分
B（良　好）：89～70分
C（合　格）：69～60分
D（不合格）：59分及以下</td><td>能力+素养总计得分</td><td colspan="4">分</td></tr>
<tr><td>等　级</td><td colspan="4">级</td></tr>
</table>

附录　武汉市中等职业学校数控技术应用专业技能达标

数控铣工实操考核题（一）

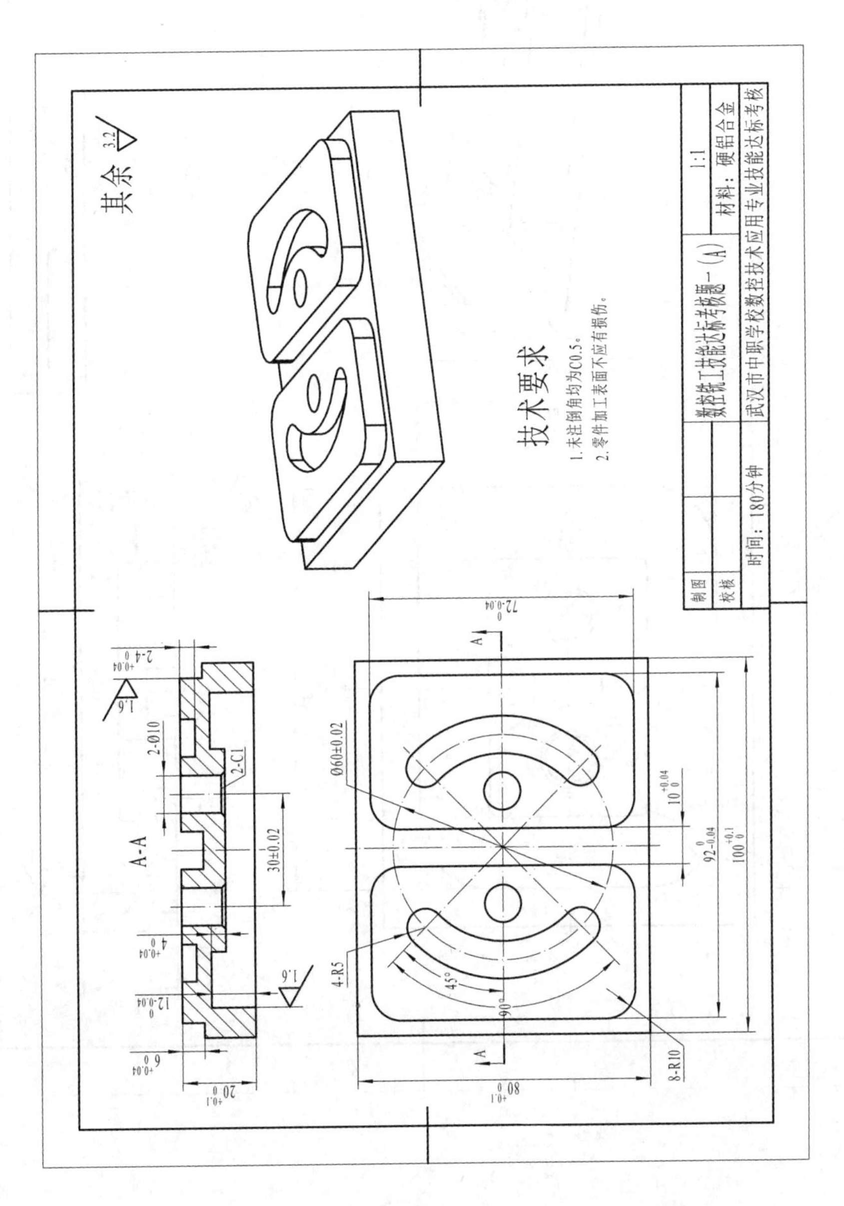

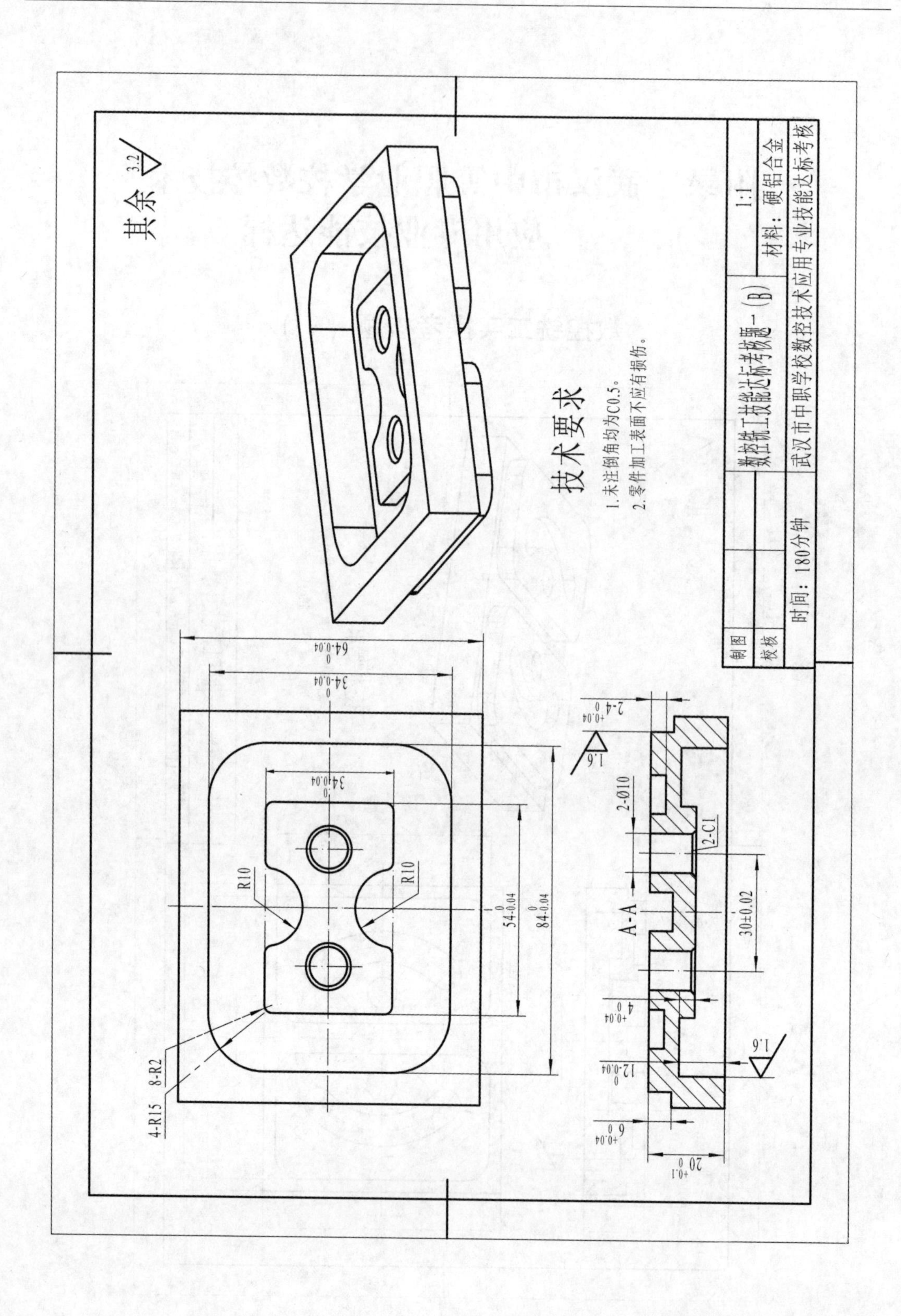
其余 3.2
技术要求
1.未注倒角均为C0.5。
2.零件加工表面不应有损伤。
A-A
4-R15
8-R2
R10
R10
2-C1
30±0.02
1:1
材料：硬铝合金
制图
校核
时间：180分钟
武汉市中职学校数控技术应用专业技能达标考核

数控铣工实操考核题（二）

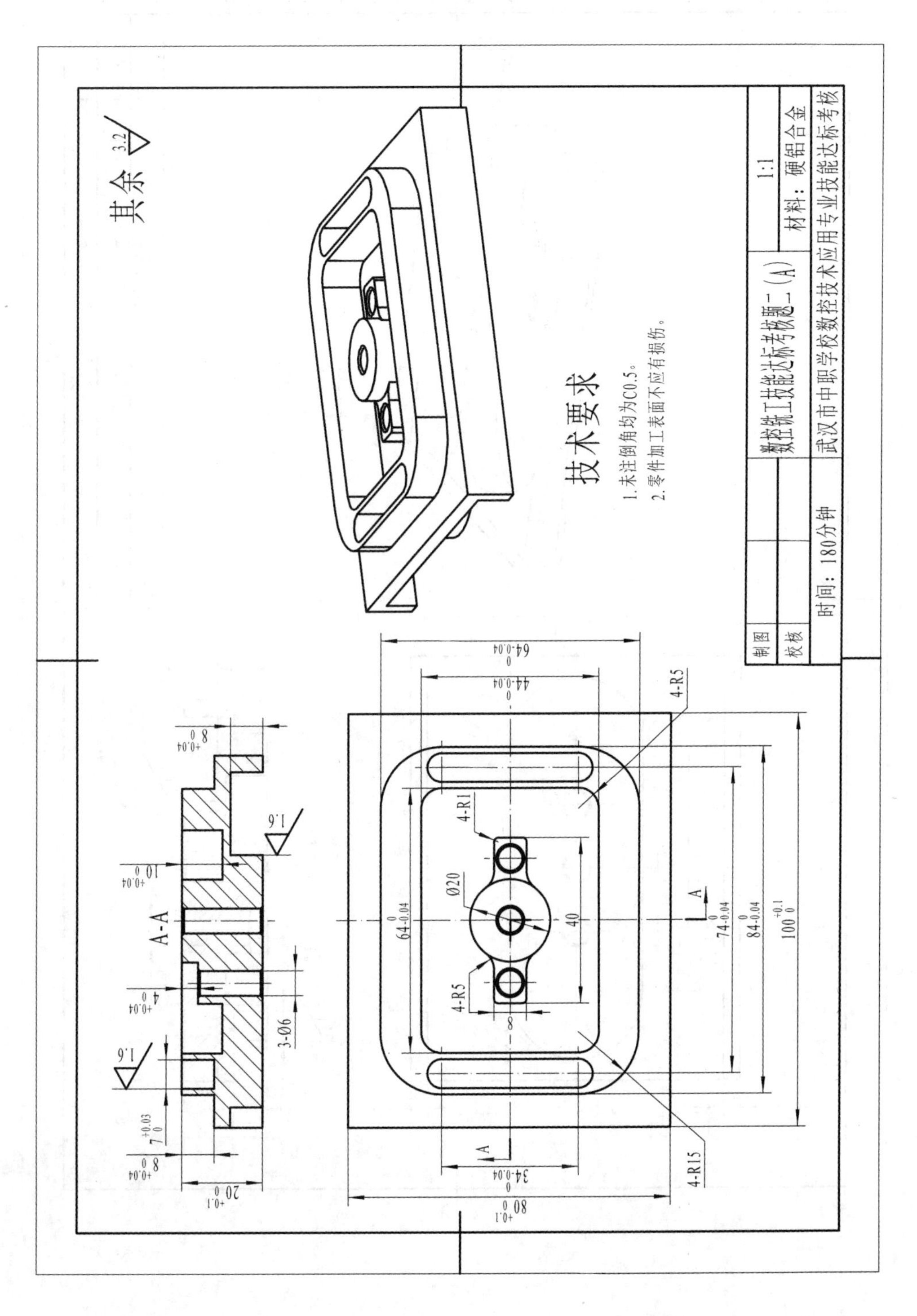
其余 3.2
技术要求
1.未注倒角均为C0.5。
2.零件加工表面不应有损伤。
数控铣工技能达标考核题二（A）
1:1
材料：硬铝合金
制图
校核
时间：180分钟
武汉市中职学校数控技术应用专业技能达标考核
A-A
A

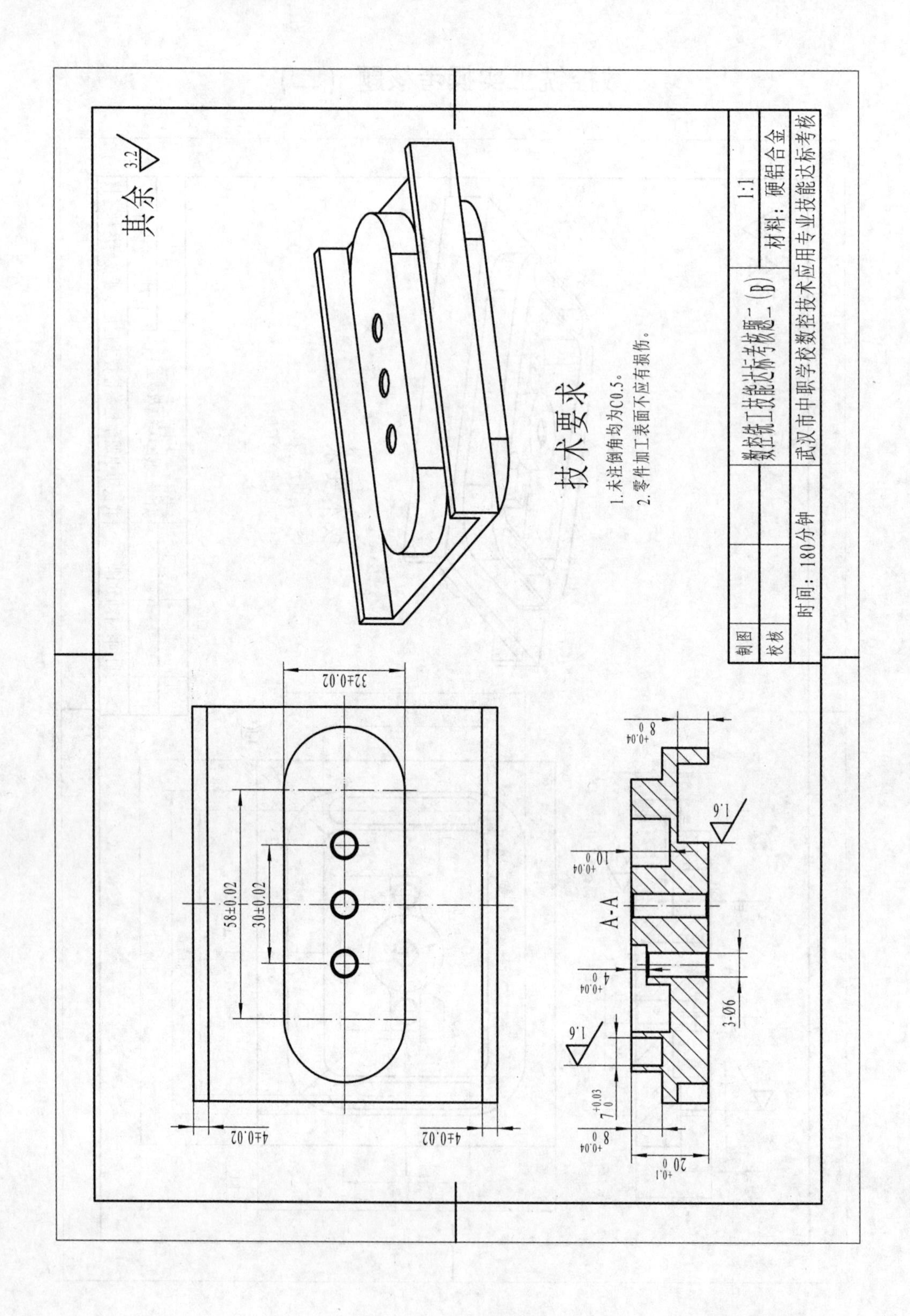
其余 3.2
技术要求
1.未注倒角均为C0.5。
2.零件加工表面不应有损伤。
数控铣工技能达标考核题一（B）
1:1
材料：硬铝合金
制图
校核
时间：180分钟
武汉市中职学校数控技术应用专业技能达标考核
32±0.02
58±0.02
30±0.02
4±0.02
4±0.02
A-A
1.6
1.6
3-Ø6

数控铣工实操考核题（三）

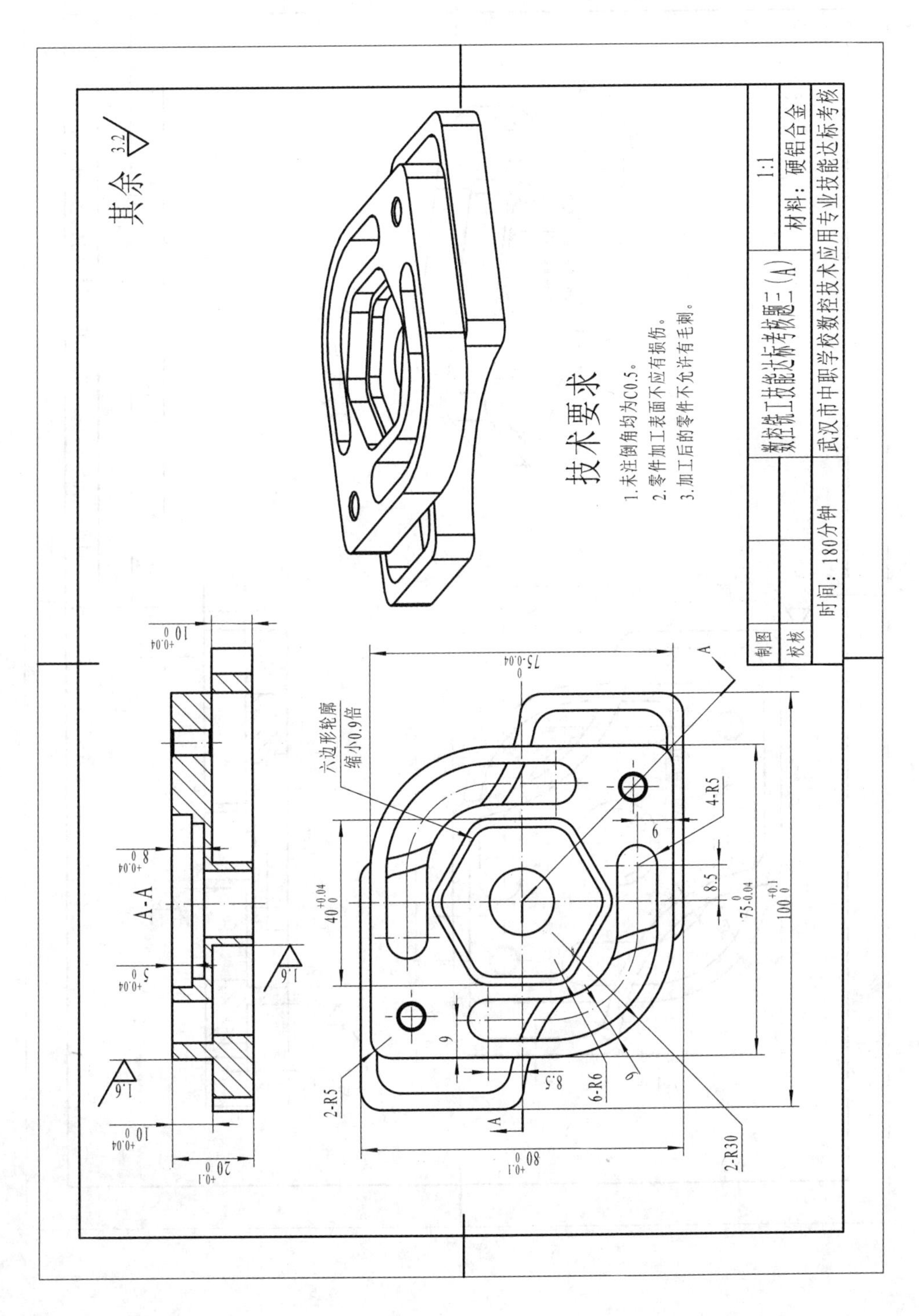

其余 3.2
技术要求
1.未注倒角均为C0.5。
2.零件加工表面不应有损伤。
3.加工后的零件不允许有毛刺。
1:1
材料：硬铝合金
数控铣工技能达标考核题三(A)
武汉市中职学校数控技术应用专业技能达标考核
时间：180分钟
制图
校核
A-A
六边形轮廓
缩小0.9倍
4-R5
6-R6
2-R5
2-R30

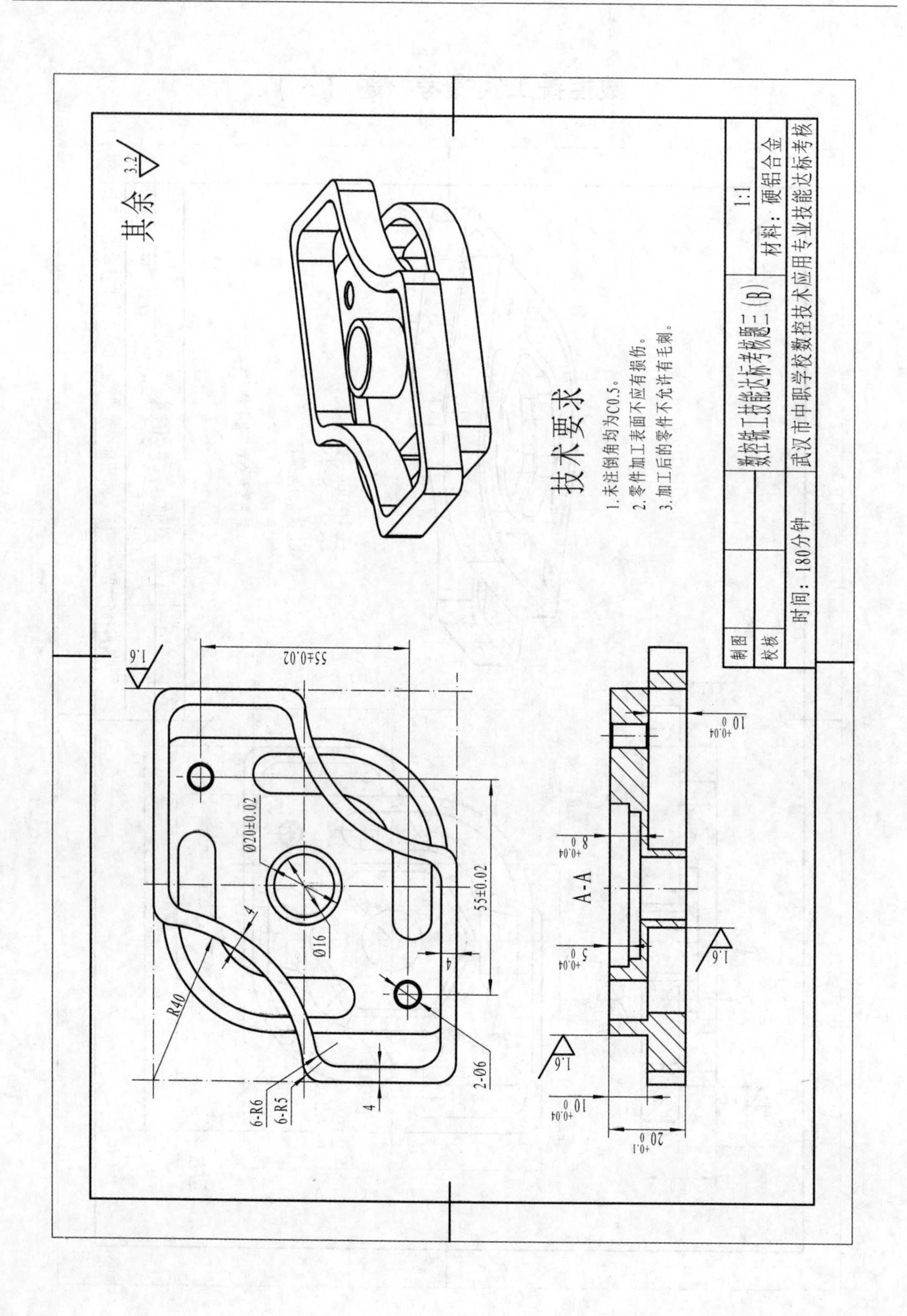
其余 3.2
技术要求
1.未注倒角均为C0.5。
2.零件加工表面不应有损伤。
3.加工后的零件不允许有毛刺。
55±0.02
Ø20±0.02
Ø16
55±0.02
R40
6-R6
6-R5
2-Ø6
4
1.6
A-A
制图
校核
数控铣工技能达标考核题二(B)
1:1
材料：硬铝合金
时间：180分钟
武汉市中职学校数控技术应用专业技能达标考核

主要参考文献

胡涛，刘尊洪．数控铣床编程与操作基础．武汉华中数控国培部讲义．
邵长文，田坤英．数控铣削项目教程．武汉：华中科技大学出版社，2009.
朱明松，王翔．数控铣床编程与操作项目教程．北京：机械工业出版社，2008.
余常青，陈国衡，黎红．数控加工技术．武汉：华中科技大学出版社，2005.